本书系 2021 年内蒙古自治区自然科学基金项目“马铃薯块茎发育过程中转录因子 *StTCP23* 与赤霉素的互作机制研究”(2021BS03007)；2020 年内蒙古师范大学高层次人才科研启动项目“病毒引起的马铃薯种薯退化的发生以及防治策略研究”（2020YJRC010）研究成果。

马铃薯病毒病的发生及致病机理研究

萨日娜　著

吉林大学出版社
·长春·

图书在版编目（CIP）数据

马铃薯病毒病的发生及致病机理研究 / 萨日娜著
.-- 长春 : 吉林大学出版社, 2023.8
ISBN 978-7-5768-2027-0

Ⅰ. ①马… Ⅱ. ①萨… Ⅲ. ①马铃薯－植物病毒病－防治 Ⅳ. ①S435.32

中国国家版本馆CIP数据核字(2023)第160052号

书　　名　马铃薯病毒病的发生及致病机理研究
　　　　　MALINGSHU BINGDUBING DE FASHENG JI ZHIBING JILI YANJIU

作　　者　萨日娜
策划编辑　黄忠杰
责任编辑　赵黎黎
责任校对　田茂生
装帧设计　星月纬图
出版发行　吉林大学出版社
社　　址　长春市人民大街4059号
邮政编码　130021
发行电话　0431-89580028/29/21
网　　址　http://www.jlup.com.cn
电子邮箱　jldxcbs@sina.com
印　　刷　廊坊市博林印务有限公司
开　　本　787mm×1092mm　1/16
印　　张　8.5
字　　数　140千字
版　　次　2023年8月第1版
印　　次　2023年8月第1次
书　　号　ISBN 978-7-5768-2027-0
定　　价　52.00元

作者简介

萨日娜，女，蒙古族，1987 年 8 月出生，籍贯为内蒙古通辽，理学博士。现为内蒙古师范大学生命科学与技术学院讲师，中国植物学会会员，中国作物学会会员，内蒙古遗传学会会员，内蒙古微生物学会会员，*Microbiology Spectrum*、*Journal of Genetics and Genomics* 等期刊审稿人，主要从事植物生理与病理学的相关研究工作，包括马铃薯病毒与类病毒的致病机理以及马铃薯块茎发育的分子机理。主持参与国内项目 10 余项、国际农粮礎商组织项目 1 项，在 *Plos Pathogens*、*Plant Disease*、*BMC Genetics* 等植物领域专业期刊发表文章 10 余篇，参与制定种薯与商品薯生产相关的国家标准 3 项，参与撰写马铃薯病虫害防治书籍 1 部。

作者简介

[illegible]

前　言

马铃薯是集主粮、蔬菜、饲料等多身份于一体的重要作物，在我国的南北各地种植面积较大，在农业生产中占有举足轻重的地位。马铃薯的产量高、品种丰富，但相对于玉米等大田作物，在生产管理上对技术水平的要求也较高。要确保优质高产，除了做好水肥管理，高效应对各种病害也是实现马铃薯高效栽培的重要保障。其中，加强对马铃薯病毒病的研究是各项植保工作中的重中之重。

基于此，本书对马铃薯病毒病的发生及致病机理进行详尽研究。第 1 章对马铃薯病毒病的研究工作概况与本书的研究内容进行梳理；第 2 章分别从侵染的马铃薯病毒与类病毒种类、马铃薯病毒以及类病毒对马铃薯生产的影响分析马铃薯病毒与类病毒的发生原理；第 3 章着重探讨马铃薯类病毒的致病机理；第 4 章在对马铃薯生产概况、马铃薯卷叶病的生物学特性、马铃薯卷叶病的危害、马铃薯卷叶病的防治、植物抗病性与活性氧清除酶系的关系进行逐一分析论述的基础上，对 11 个常见的马铃薯品种进行人工接毒 PLRV-ch，以检测它们对 PLRV-ch 的抗性程度；第 5 章对本实验的研究结果进行总结讨论与后续展望。

本书选题新颖独到、结构科学合理、内容丰富翔实，对于植物生理与病理学等领域的研究工作具有一定的参考价值，可作为相关专业科研学者和工作人员的参考用书。

笔者在本书的写作过程中，参考引用了一些国内外学者的相关研究成果，也得到了许多专家和同行的帮助和支持，在此表示诚挚的感谢。由于笔者的专业领域和研究环境所限，加之笔者研究水平有限，本书难以做到全面、系统，谬误之处在所难免，敬请同行和读者提出宝贵意见。

目 录

第1章 绪 论

马铃薯（*Solanum tuberosum* L.）是继水稻与小麦的世界第三大粮食作物。因其适应性广、营养价值高，在世界范围内广泛种植，成为全球几十亿人的重要食物来源。中国是世界上最大的马铃薯生产国以及消费国。国际马铃薯中心数据预测，在未来20年，中国50%的粮食增长将来自马铃薯（potato）。马铃薯在我国各个生态区域都有广泛种植，近年来更是发展成了乡村振兴促农增收的重要支柱产业。作为无性繁殖作物，病毒病与类病毒的发生是制约马铃薯生产的主要因素。

类病毒是迄今为止已发现的能够侵染植物的最小病原物，它们不编码任何蛋白，完全依赖寄主植物的酶等因子进行复制并引起病症。马铃薯纺锤块茎类病毒（potato spindle tuber viroid，PSTVd）是第一个被发现且研究最广的类病毒。在很多国家和地区均有发生，且不能通过药剂防治和茎尖剥离技术进行根除，严重影响着马铃薯的产量和品质。PSTVd是单链环状裸露RNA，大小约359 nt，可在最小自由能的情况下呈棒状二级结构，并在细胞内进行滚环式复制。前人报道其复制过程中产生的小RNA在番茄和烟草等作物的病理过程中起着很重要的作用，但在马铃薯上的致病机理至今尚未报道。

生物信息学预测显示PSTVd致死株系RG1致病区21 nt大小的序列与马铃薯teosinte branched1/Cycloidea/Proliferating（TCP）转录因子编码基因 Solanum tuberosum teosinte branched1/Cycloidea/Proliferating cell factor 23（*StTCP23*）的3′ Untranslated Regions（UTR）区进行互补。real time PCR和Northern Blot结果同时显示，在PSTVd侵染的马铃薯植株里*StTCP23*的表达量显著下调，3′ RNA ligase-mediated rapid amplification of cDNA ends（RLM RACE）结果进一步验证了viroid derived siRNA （vd-siRNA）结合*StTCP23*，并在预测的靶标区域出现切割。

本研究利用artificial micro RNA（ami RNA，人工小分子RNA）载体对PSTVd致病区域的目的sRNAs序列进行表达。转化后的马铃薯表现类似于

PSTVd 侵染后的生长特征，如植株矮化、茎秆分枝、块茎两端变尖、出芽率降低等。同时发现病症的严重程度与 amiRNAs 的积累与 *StTCP23* 的下调成正比。利用 virus induced gene silencing（VIGS）方法对靶基因 *StTCP23* 进行沉默后发现，马铃薯植株表现与 amiRNA 转化株和 PSTVd 侵染株相同的生长特性，进一步证实了 *StTCP23* 在 PSTVd 病理中的关键作用。

TCP 转录因子在植物生长发育过程中扮演很重要的角色，尤其是与赤霉素等激素相互作用调控植物种子萌发和纵向生长。本研究对 *StTCP* 基因家族进行遗传进化、激素调控等分析，发现马铃薯 *StTCP23* 与番茄 *SlTCP*23 和拟南芥 Arabidopsis thaliana teosinte branched1/Cycloidea/Proliferating cell factor14/15（*AtTCP14/15*）同源性最高。RNA-seq 和 real time PCR 结果表明 *StTCP23* 基因在马铃薯各种组织中广泛表达，尤其在茎叶、匍匐茎以及萌发的块茎里表达量最高，说明该基因在马铃薯枝叶生长和块茎发育中起重要作用。同时马铃薯 TCPs 对赤霉素和其抑制剂表现高度敏感。amiRNA45、amiRNA46 是分别表达 PSTVdsRNA45、PSTVdsRNA46 的两个转化系。real time PCR 结果显示这两个转化系除了 *StTCP23* 的显著下调之外还表现出赤霉素含量的显著下降和赤霉素合成代谢相关基因的差异表达，提示我们 artificial micro-RNA45、amiRNA46 表现的类似 PSTVd 症状或许与 *StTCP23* 和赤霉素的互作相关。体外赤霉素处理结果进一步证实了这一观点，赤霉素抑制剂 paclobutrazol（PBZ）处理之后的马铃薯表现出植株矮化、块茎异形，用体外 GA_3 恢复赤霉素水平之后，马铃薯株高和结薯又恢复正常。

本研究探索了 *PSTVd* 致病区域诱导的 siRNA 靶标作用于宿主马铃薯基因 *StTCP23*，降低 *StTCP23* 的表达量的同时影响赤霉素途径相关基因的差异表达，最终导致 *StTCP23* 和赤霉素协同调控马铃薯植株矮化和块茎发育。第一次揭示了 PSTVd 在宿主马铃薯上引起病症的重要机理。

马铃薯卷叶病是危害马铃薯产量品质最严重的病毒病害之一，除了可单独侵染马铃薯之外，也可以跟其他的病毒混合侵染，使马铃薯的产量和品质降低，给马铃薯生产带来很大的损失。对于马铃薯卷叶病，目前最广泛的防治方法仍然是使用杀虫剂等化学农药来控制其传播介体，从而减少卷叶病的发生。但多数杀虫剂会对生态环境有破坏作用，这些杀虫剂不仅会破坏生态平衡，还会集中在食物链中对人类产生危害。因此，我们必须在农业发展与环境及健康中取得平衡，而生产中选择播种抗性强的马铃薯品种是控制马铃薯卷叶病最长久有效的一种方法。

本研究以 11 个马铃薯主栽品种大西洋、布尔班克、东农 308、底西瑞、费乌瑞它、虎头、克新一号、陇薯三号、夏波蒂、内薯七号、中薯 11 号为供试材料，利用温室人工接毒的方法，鉴定对马铃薯卷叶病毒 Potato leaf-roll virus-ch（PLRV-ch）的抗性，并对接毒后的不同抗性水平的马铃薯品种进行抗病相关酶活性的测定。进一步研究马铃薯组织中超氧化物歧化酶（SOD）、过氧化物酶（POD）、过氧化氢酶（CAT）、微量丙二醛（MDA）和一氧化氮（NO）等在参与马铃薯抵御卷叶病毒感染过程中的生理机制。

结果显示，所鉴定的 11 个马铃薯品种中有克新一号、东农 308 和虎头三个品种对 PLRV-ch 有较高的抗病性，其中虎头属耐病品种。内薯七号、陇薯三号和中薯 11 号对 PLRV-ch 有中等的抗病性，其中中薯 11 号有抗增殖的现象。而大西洋、底西瑞两个品种属于中感型品种，大西洋有抗增殖现象。夏波蒂、费乌瑞它、布尔班克三个品种属于感病型品种。从中选取不同抗性水平的三个品种——抗病型品种（克新一号）、中抗型品种（陇薯三号）和感病型品种（夏波蒂）进行防御酶活性的测定。测定结果表明，随着 PLRV-ch 的侵染时间的延长，三个品种的超氧化物歧化酶（SOD）、过氧化物酶（POD）活性和一氧化氮（NO）含量有不同程度的提高。活性提高的时间与幅度大小因品种而异。整体而言，在 PLRV-ch 侵染之后，抗病型和中抗病型品种的酶活性提高时期比感病品种要早且幅度也大。而 PLRV-ch 侵染后三个品种体内过氧化氢酶（CAT）活性和微量丙二醛（MDA）含量变化没有明显的规律。马铃薯品种克新一号、东农 308 和虎头对 PLRV-ch 有较高的抗性，而这种抗性除了其本身基因之外，与体内防御酶系有密切的关系。因此防御酶活性变化的幅度大小和上升下降时间的早晚，可作为今后马铃薯抗 PLRV-ch 的机理研究的一种线索性的生理指标。

第 2 章　马铃薯病毒与类病毒的发生

2.1　侵染的马铃薯病毒与类病毒种类

2.1.1　马铃薯卷叶病毒

1. 病原

马铃薯卷叶病毒（potato leaf roll virus，PLRV），属于黄化病毒属，直径约为 24 nm，正链 RNA 病毒，其基因组约 5.9 kb。

2. 症状

被侵染的植株表现束顶，叶子从边缘开始向上卷曲，植株比正常植株矮化。在 *Solanum tuberosum* subsp. *andigena* 中，初期侵染症状表现为黄化和矮化。因此在安第斯地区被称为黄矮病。

初次侵染的症状主要表现为病株顶部的幼嫩叶片直立变黄，小叶沿中脉向上卷曲，小叶基部着有紫红色。红皮薯块品种，叶子会逐渐变粉，再变红紫。白皮薯块品种，叶子往往失绿发黄。如果在生长早期被侵染，大多数植株会在生长期表现症状，如果被侵染时间较晚，在生长期不会表现症状。初期侵染症状容易与黑胫病、黑痣病、紫菀黄化病和丛枝病相混淆。

继发性为二次侵染（即用上年 PLRV 初侵染块茎，在下年做种再发病）的病株症状，表现为全植株病状较为严重，一般在马铃薯现蕾期以后，病株叶片由下部至上部沿叶片中脉卷曲，呈匙状，叶肉变脆呈革质化，叶背有时出现紫红色，上部叶片褪绿，重者全株叶片卷曲，整个植株直立矮化。块茎变瘦小，薯肉呈现锈色网纹斑。初侵染病株减产程度小于继发性侵染病株。症状的严重程度因病毒株系、马铃薯品种、生长条件而异。一些品种（布尔班克、Green Mountain、Norgold Russet 等）侵染 PLRV 之后会在维管束部分表现网状坏死斑，对于加工型品种会成为严重的经济损失。薯块上的网状坏死斑容易与枯萎病以及其他生理性病害引起的网斑相混淆。

3. 发生规律

PLRV 不能通过汁液接触传毒，可通过人工嫁接传毒。在自然条件下，仅由蚜虫传毒。田间最有效的传毒媒介是桃蚜，其他蚜虫如马铃薯长管蚜、百合新瘤蚜和茄沟无网蚜等均可将 PLRV 传播到马铃薯上。蚜虫为持久性传毒，须通过口针刺穿韧皮部，吸取汁液的同时获得病毒。吸取时间越长传播效率越高。有翅蚜可进行田间长距离传播，无翅蚜进行行间与植株间短距离传播。在亚热带地区，桃蚜的发生时期往往是作物生长的中期或晚期，因此了解蚜虫的消长动态是有效控制蚜虫的必要的因素。在热带地区，贮藏条件简陋的情况下蚜虫也可以在新生芽尖生长并进行薯块之间的病毒传播。如果侵染发生在生长晚期，植株上的部分薯块有可能会逃避被侵染，但被侵染的薯块也可以通过种薯运输过程进行更远距离的传播。在热带地区，曼陀罗也会是 PLRV 的天然寄主，番茄黄化茎叶病毒的某些株系在番茄上的表现症状也跟 PLRV 类似，但栽培马铃薯品种上没有明显症状。

4. 目前常用的防治措施

（1）茎尖脱毒法结合 enzyme-linke immunosorbnent assay（Elisa），polymerase chain reaction（PCR）等检测，获得合格的种薯。

（2）种薯最好在蚜虫发生量少的季节或者地区种植。

（3）种薯生产田可通过早期杀秧，避免蚜虫迁飞高峰期。

（4）加强田间管理措施如正选择、拔杂去劣、拔除田间杂苗，避除侵染源。

（5）杀虫剂控制蚜虫，通过预测蚜虫高峰期调整杀秧时间，减少蚜虫传播概率。

（6）选用抗 PLRV 品种或者通过分子手段获得抗性品种[1]。

2.1.2　马铃薯 Y 病毒

1. 病原

马铃薯 Y 病毒（potato virus Y，PVY），属于马铃薯 Y 病毒属，单链 RNA 病毒，基因组约 9.7 kb。

2. 症状

常见的PVY株系主要包括PVY old strain （PVYO）、PVYC common（PVYC）、PVYN new（PVYN）、new tuber necrotic virus Y（PVYNTN）等，不同株系的PVY侵染马铃薯不同品种后，马铃薯植株表现症状都不相同。PVYO和PVYC引起的症状往往比PVYN严重，而PVYN在当季很少表现症状，但在下一代会表现出来。PVYC会引起条纹坏死斑，会引起植株矮化、皱缩，以及过早死亡。

PVYO是最早被发现的PVY株系，因此叫PVYO（old strain）。被PVYO侵染之后通常顶部叶片开始萎蔫并开始从茎上脱落。PVYO的初期侵染症状包括杂斑，坏死斑，叶子黄化脱落以及过早死亡。次级症状包括生长受抑制，植株皱缩矮化，叶子畸形、出现斑驳，叶脉生长缓慢，类似于坏死条纹斑。底部叶子开始脱落，最后只剩部分顶部叶子，植株形成棕榈形态。

PVYC是PVY common株系的缩写。有些品种被侵染后会表现花叶、花皱叶、条斑花叶、条斑垂叶坏死。常见的一些敏感马铃薯品种，一般在病株叶片背面叶脉、叶柄及茎上均出现黑褐色条斑坏死，而且叶片、叶柄及茎部均易脆折，经常会导致植株过早死亡。在叶子上引起条形坏死斑的同时，该病毒也能在块茎上引起网状坏死斑，在芽眼周围形成肉桂棕色的斑点。被侵染的块茎一般不会发芽，因为原始细胞被病毒杀死。

PVYN是PVY new株系的缩写。在很多品种上的症状不是很明显，因此很难通过拔杂去劣除掉病株。感病初期病株的中上部叶片呈现轻皱斑驳花叶或伴有褐枯斑，症状根据品种而异，但在初期通常不会表现很明显的症状。在生育后期，开始出现模糊的斑点。二次侵染后所有的叶子，尤其是叶脉间开始出现明显的失绿以及黄化斑驳。新长出的叶子比正常叶子小且边缘皱缩。

PVYNTN是由于在薯块上引起表面坏死环而得名，是new tuber necrotic virus Y的缩写。除了上述地上部分的症状以外，此株系的主要特征就是在块茎上引起坏死突起环。有时这些症状会与TRV的症状类似，容易混淆。一般其他PVY抗性的品种对此株系表现失去抗性。病株的生育中后期，其叶片由下至上干枯而不脱落，呈垂叶坏死症，其顶部叶片常出现失绿斑驳花叶或轻皱缩花叶。PVY与PVX两种病毒复合侵染时，染病叶片出现重皱缩花叶，叶肉凸起，叶片向背面曲或向内曲，病株生长缓慢，表现矮化和难以开花，易于生育中期枯死。

3. 发生规律

PVY 的一些株系可侵染多种茄科作物并引发症状，其他藜科和豆科有时候也是 PVY 的宿主，如大丽花、矮牵牛花等。在洋酸浆的年轻植株上，PVY 的 C 株系和 O 株系可引起系统坏死斑，曼陀罗对 PVY 表现抗性，在复合病毒侵染的情况下可起到淘汰 PVY 的作用。

PVY 可通过机械传播，也可通过植株间的接触，以薯块之间的接触进行传播。然而，在大田环境下通过蚜虫的传播是最重要的，可通过有翅蚜的迁飞达到长距离的传播。PVY 可被 25 种以上的蚜虫传播，其中桃蚜是最重要的 PVY 传播介体。PVY 在口针上的辅助蛋白的帮助下可通过蚜虫进行非持久性传播。也可通过种薯进行继代传播。

PVY 属危害最严重的马铃薯病害之一，对产量和品质影响显著，可影响产量 10% ~ 80% 不等。与 PVX 的混合侵染可引起较严重的皱缩花叶症状，可引起更严重的损失。

4. 目前常用的防治措施

（1）使用脱毒种薯来降低初侵染概率。

（2）尽早进行拔杂去劣。选择病毒以及蚜虫发生率低的地区种植马铃薯。

（3）吸性或接触性杀虫剂的使用可以减少 PVY 在大田环境下被蚜虫传播的概率。矿物油的使用也可控制 PVY 的传播，但是为了保护新叶，不建议频繁使用。

（4）在种植和管理过程中尽可能降低田间机械损伤，在切种薯的过程中注意消毒，如果发现有病株，尽早拔除 [1]。

2.1.3　马铃薯 x 病毒

1. 病原

马铃薯 X 病毒（potato virus X，PVX），属于马铃薯 X 病毒属，单链 RNA 病毒，基因组约 6.4 kb。

2. 症状

依据病毒株系、马铃薯品种和环境条件三者之间的相互作用，其症状表现不同。PVX 的很多株系在多数马铃薯品种上都没有明显的症状。常见的症状为轻型花叶，有的株系在有些品种上表现较严重的花叶，后期的叶子皱缩，顶部分枝、小叶变小，块茎网状坏死。与 PVA 或 PVY 复合侵染后会出现较严重的斑驳花叶，叶子皱缩等。感病的马铃薯植株生长发育正常，叶片平展，只在病株的中上部叶片颜色表现出浓淡不一的轻微花叶症或斑驳花叶症，而斑驳花叶常沿叶脉发展，有时在叶片褪绿部位上产生坏死斑点。其症状与气候条件有密切关系。相比高温条件，当温度在 16 ~ 20 ℃时的症状会比较明显。

3. 发生规律

PVX 通过机械传播，在整个生长期的栽培、喷药、灌溉等过程当中，感病叶子和健康叶子的接触也可传播病毒。播种时期的种薯切割以及病芽之间的接触也可传播 PVX 病毒。但目前没有通过实生种子传播的报道。可通过咀嚼式昆虫或者马铃薯癌肿病菌的游动孢子进行传播。也可通过块茎进行继代传播。PVX 的抗性由单基因 *Rx* 控制，但在南美地区的报道显示 PVX 的 HB 和 MS 株系已经对此基因不再过敏，有时 PVX 的一些株系可在植株上表现超敏反应。PVX 分布很广，几乎所有栽培品种都是感病的，一般导致减产约 10%，某些坏死株系则可导致减产达 50% 以上。

4. 目前常用的防治措施

由于田间 PVX 通过接触、摩擦和汁液传播，应尽量少接触感病植株，以免传播给健康株。抗病品种和脱毒种薯的使用是控制 PVX 最有效的防治方法 [1]。

2.1.4 马铃薯 S 病毒

1. 病原

马铃薯 S 病毒(potato virus S, PVS)属于香竹潜隐病毒属，病毒粒体为线状，粒体长 610 ~ 710 nm、宽 12 ~ 15 nm，内含一条单链正义 RNA（+ssRNA）。

2. 症状

感病植株的典型病症是叶脉下凹，叶片粗缩，叶尖微向下弯曲，叶色变浅，轻度垂叶，植株柔弱呈开散状。因马铃薯品种的抗病性不同，病株症状表现有些差别。具有一定抗耐病性的品种染病后，病株叶片只产生轻度斑驳花叶和轻皱缩。感病性品种被侵染后，病株生育后期叶片有青铜色，严重皱缩，明显花叶，在叶片表面上产生细绿色斑点，老叶片不均匀变黄，常有绿色或青铜色斑点。抗病性强的品种染病后没有明显症状，只有与健株相比较才能观察区别病株，如有的病株较健株开花减少。

3. 发生规律

除了马铃薯以外，茄科植物里只有刺萼龙葵被报道是 PVS 寄主。但藜科多数植物都被报道是 PVS 的寄主。PVS 可在块茎滞留，并通过切薯块步骤进行传播。田间管理过程中的机械传播以及叶子之间的接触也可以传播。PVS 不能通过实生种子传播。不同 PVS 株系被蚜虫传播程度和类型各不相同，但多数是以非持久性方式传播。桃蚜和鼠李蚜传播 PVS 程度不高。目前已报道的抗 PVS 的品种有 Saco，但此品种也避免不了嫁接传播。*Solanum tuberosum* subsp.*andigena* 曾被报道有超敏反应，但尚未培育成栽培品种。

4. 目前常用的防治措施

（1）使用无毒种薯在一定程度上降低 PVS 的发生。

（2）尽早进行拔杂去劣，避免后期的器械传播。

（3）选择抗病品种。

（4）消毒切薯块时候用的工具 [1]。

2.1.5　马铃薯 M 病毒

1. 病原

马铃薯 M 病毒（potato virus M，PVM），属于麝香石竹潜隐病毒属，病毒粒体为弯曲长杆状，粒体长 650 nm、宽 12 ～ 13 nm，病毒粒体分散在细胞质内。

2. 症状

因 PVM 株系和马铃薯品种以及生长环境条件而不同，感病症状有一定差异，当环境温度在 24 ℃以上时症状表现不是很明显。弱毒株系一般没有明显的症状。强株系侵染后，随着马铃薯生长发育，产生明显花叶，叶片严重变形，发展至全株叶片卷曲，下部叶片出现不规则的坏死斑点，并很快黄化至枯干。PVM 弱株系侵染马铃薯后，常引起病株小叶脉间花叶，小叶尖端稍扭曲，叶缘呈波状，病株顶端有些卷叶叶面表现光泽。

3. 发生规律

PVM 可通过植株汁液、薯块或者茎段嫁接进行机械传播。有些 PVM 株系也可通过田间器械，刮风后的叶子与叶子之间进行接触传播。目前尚未有关于实生种子传播的报道。可通过绿色桃蚜进行非持久性传播，马铃薯蚜虫和鼠李蚜虫也可以传播此病毒，但效率不高。病毒可在20 ℃的温度下保持2 ~ 4天的活力。PVM 病毒目前只在茄科作物中被发现，除了主要寄主马铃薯以外，也可侵染番茄，但不表现症状。

4. 目前常用的防治措施

（1）选取优质合格脱毒种薯，消毒切薯工具。

（2）如果发现病株应尽早拔除，避免通过蚜虫进行第二次传播，并对蚜虫进行控制[1]。

2.1.6 马铃薯纺锤块茎类病毒

1. 病原

马铃薯纺锤块茎类病毒（potato spindle tuber viroid，PSTVd），属马铃薯纺锤体块茎类病毒属，平均长度 50 nm，核酸大小 359 ~ 361 bp，单链闭合环状 RNA 分子，无蛋白外壳的裸露核酸。体外存活期 3 ~ 5 天。

2. 症状

地上部分症状：病株轻者高度正常，重者植株矮化；茎秆直立硬化，分枝少；叶片叶柄与主茎的夹角变小，呈半闭半合状和扭曲，叶片叶柄常呈锐角形态向上竖起；全株失去润泽的绿色，顶部叶片除变小、卷曲、耸立外，有时叶片背面呈紫红色。病株结的块茎由圆变长，其顶端变尖，呈纺锤状。

地下部分症状：块茎表面粗糙，出现裂纹；块茎芽眼由少变多，芽眉平浅，有时芽眼凸起；红皮或紫皮品种的病薯表皮褪色变淡；块茎表皮具有网状的马铃薯品种，感病后网纹消失。用病薯做种时，其幼芽出土后，幼苗及地下部分的发育极其缓慢。

3. 发生规律

通常可通过田间接触传播，昆虫刺食也可传播，切种过程中或者后期田间机械接触也可传播。已有研究报道 PSTVd 可随着 PLRV 进行蚜虫传播。也可通过种薯继代传播以及实生种子传播。PSTVd 的自然寄主除了马铃薯，还有茄子、番茄、鳄梨。在人工侵染的条件下，多个科的多种植物可被 PSTVd

侵染，如苋科、紫草科、桔梗科、石竹科等。

4. 目前常用的防治措施

预防是最好的防治策略。由于 PSTVd 本身很难通过茎尖剥离脱除，因此应选用检测合格的整薯或者切块过程中经严格消毒的种薯。切种薯的道具可用 0.25％的次氯酸钠或 1％的次氯酸钙进行消毒[1]。

2.2　马铃薯病毒以及类病毒对马铃薯生产的影响

马铃薯整个生育期易感染多种病毒病，在我国马铃薯产区危害马铃薯的主要病毒和类病毒包括，马铃薯轻花叶病毒 PVX、马铃薯重花叶病毒 PVY、马铃薯卷叶病毒 PLRV、马铃薯 A 病毒 PVA、马铃薯 S 病毒 PVS 以及马铃薯纺锤块茎类病毒 PSTVd 等 10 余种病毒病害。马铃薯是无性繁殖作物，由于长年的连续种植，植株体内的病毒含量逐渐积累导致种薯退化，严重影响产量品质的正常发挥。据统计，多半的马铃薯产量损失都是由种薯退化引起的（见图 2-1）[2]。中国农民曾形象地将其概括为：“一年好、二年孬、三年不行了。”

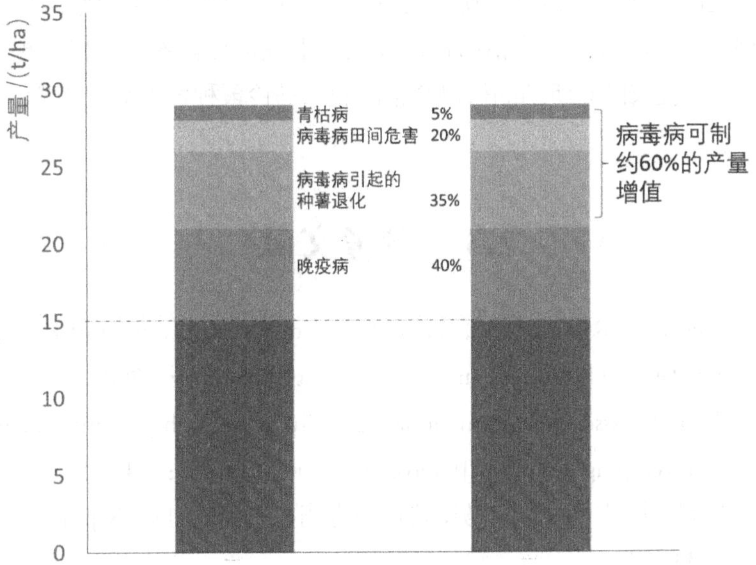

图 2-1　病毒与类病毒对马铃薯产量的影响

马铃薯病毒病引起的种薯退化问题是全世界范围内限制马铃薯生产的主要原因，尤其是发展中国家，但迄今为止还没有很有效的方法来控制。金黎平等人的研究报道，PLRV 单独侵染能影响产量 20% ~ 80%，PVY 能减产 30% ~ 60%；PVX 单独侵染危害不大，但是与 PVY 复合侵染能引起 50% ~ 70%的减产[3]。Alberto Garc í a Marcos 等人的研究报道，比起单独侵染 PVX 的烟草，PVY 和 PVX 复合侵染的烟草植株里 PVX 病毒的复制积累量增加 3 ~ 10 倍。经微阵列数据分析发现，分别侵染 PVX-PVY、PVX、PVY 病毒的烟草植株里表达的响应序列标签分别有 2 390、1 697 和 471 个[4]。

以上危害较重的几个马铃薯病毒里除了PLRV能够通过蚜虫持久性传播，其余三个主要通过机械和摩擦传播，其中PVY也可以通过蚜虫非持久性传播，此时蚜虫的口喙就像个移动针头，蚜虫在田间飞行加大了病害的发生。针对这些特点，目前的防治手段通常是通过喷洒农药来控制传播病毒的昆虫，降低病毒的侵染和传播概率，但生产成本高，同时导致生态环境的污染。

控制病毒病的主要方法是使用脱毒种薯。脱毒种薯的应用在发达国家已经很成熟，像荷兰、美国等国家，有发达的种薯产业与健全的马铃薯种薯检测和认证体系[5]。但在发展中国家，虽然官方种薯生产体系能够生产优质的种薯，但大多数农民仍习惯使用“非正规”的种薯，也就是由农民自行生产的，并且通常来自商品薯生产田，或者由农民生产的没有执行种薯生产所需的严格选择和控制方法的自留种。使用这些“非正规”种薯的主要原因是生产优质合格种薯的成本过高，价格昂贵，或者由于脱毒种薯繁育过程不规范导致质量不合格，使农民对所谓的检测合格的脱毒马铃薯种薯不够放心[6]。

2.3 参考文献

[1]Stevenson W R，Loria R，Franc G D，et al.Compendium of Potato Diseases[M].Saint Paul：The American Phytopathological Society，2001.

[2]Fuglie K O.Assessing international agricultural research priorities for poverty alleviation in developing countries[J].Virology，2009（302）：445-456.

[3] 王晓明，金黎平，尹汪 . 马铃薯抗病毒病育种研究进展 [M]. 中国马铃薯，2005（5）：33-37.

4.Garc í amarcos A，Pacheco R，Marti á ñez J，et al.Transcriptional changes and oxidative stress associated with the synergistic interaction between Potato virus X and Potato virus Y and their relationship with symptom expression[J].Molecular plant-microbe interactions：MPMI，2009，22（11）：1431.

[5] 白艳菊，李学湛，文景芝，等．中国与荷兰马铃薯种薯标准化程度比较分析 [J]. 中国马铃薯，2006，20（6）：357-359.

[6] 赵建宗，申建平．我国马铃薯种薯质量监督控制体系现状、问题与建议 [J]. 种子，2017，36（12）：3.

第 3 章　马铃薯类病毒的致病机理研究

3.1　马铃薯纺锤块茎类病毒

3.1.1　类病毒 RNA 基因组的组织与表达

类病毒是已知最小的传染病病原体，通常有 246 ~ 401 个核苷酸，核苷酸呈长单链，环状，高度结构，为未包膜的非编码 RNA 基因组。尽管它们缺乏 mRNA 多肽编码能力，但它们仍然能够使用宿主酶在自然宿主中自主复制，并在易感植物物种中引起疾病 [1]。感染的明显症状类似于许多植物病毒病相关的症状，可影响整个植物或特定器官，如叶、花、果、根和储存器官 [2]。症状表达受到类病毒基因组 RNA 序列、宿主和环境，以及感染时植物发育阶段的强烈影响，可能从严重症状到极其轻微和无症状的感染不等。类病毒在世界范围内分布广泛，是影响众多作物和观赏植物的病原体 [3]。PSTVd 感染的直接影响主要涉及茄科的成员，其中由于危害程度较严重，马铃薯被认为是 PSTVd 的主要自然宿主 [4]。

马铃薯纺锤块茎类病毒（PSTVd）是在马铃薯（*Solanum tuberosum* L.）上第一个被鉴定、表征和诊断的类病毒，Martin 认为该疾病可能由传染性病毒引起 [5]。该病的症状特征是植物发育迟缓和块茎细长，因此该病于 1923 年被 Schultz 和 Folsom 命名为“纺锤形块茎” [6]。虽然病原体最初被描述为马铃薯纺锤块茎“病毒”，但后来发现它不是一种核酸被病毒蛋白包裹的常规病毒，而是一种小的裸 RNA 分子，其名称是病毒样 [1]。比较序列分析表明，PSTVd 的 359 核苷酸基因组被预测在其天然体外状态下形成热力学上有利的棒状二级结构 [7]。这种棒状结构模型得到了微观和生物物理研究 [8−9]、化学 / 酶映射的良好支持 [10]。基于 Pospiviroidae 家族成员之间的序列和结构比较，Keese 和 Symons 提出 PSTVd 和相关类病毒包含五个结构和功能结构域

（见图 3-1）[11]。PSTVd 的每个域都具有重要的结构特征，有助于其整体功能。包含中心保守区域（central conserved region, CCR）的中心域，能够形成调节复制周期的替代结构。terminal left (TL) 结构域包括 U359，一种与转录起始有关的核苷酸 [9]，致病区域已被证明可以调节 PSTVd 菌株之间的毒力差异 [12]。terminal right (TR) 结构域与 PSTVd 转运有关 [13]，迄今为止，除了 RNA 聚合酶Ⅱ（RNA Pol Ⅱ）的结合位点外，TR 结构域是唯一一个可能鉴定出宿主因子蛋白 virus protein 1（Virp1) 的区域 [14]，该变结构域因其在 Pospiviroidae 家族成员中缺乏保守序列而得名 [11]，其他研究涉及 PSTVd 相对于温度积累的可变结构域 [9-10]。

图 3-1 PSTVd 中间应变的棒状二级结构和功能域示意图

注：PSTVd-RG1 菌株的最低自由能结构显示了其五个结构 / 功能域的边界，即左（TL）和右（TR）末端环，致病性（P）结构域，中心（C）结构域和可变（V）结构域；标志和箭头表示转录起始和切割位点，而数字表示环；*HP I'*，*HP I''*，*HPII'* 和 *HPII''* 分别表示形成亚稳发夹Ⅰ和Ⅱ的核苷酸序列的位置；T_L 为左端域，T_R 为右端域 [16]。

类病毒基因组数据库目前包含大约 100 多个 PSTVd 变体的完整核苷酸序列。来自马铃薯种质的 PSTVd 序列与之前分析的来自无性繁殖植物物种的序列一起被纳入系统发育研究 [15]，变异体的大小范围为 357 ~ 361 个核苷酸。使用 molecular evolutionary genetics analysis（MEGA7）软件包进行的系统发育分析，通过分离它们的宿主物种将这些变体分组为几个簇（见图 3-2）。所有分离株在中央保守区和两个末端均表现出高度保守，但在致病性和可变区域上有所不同。

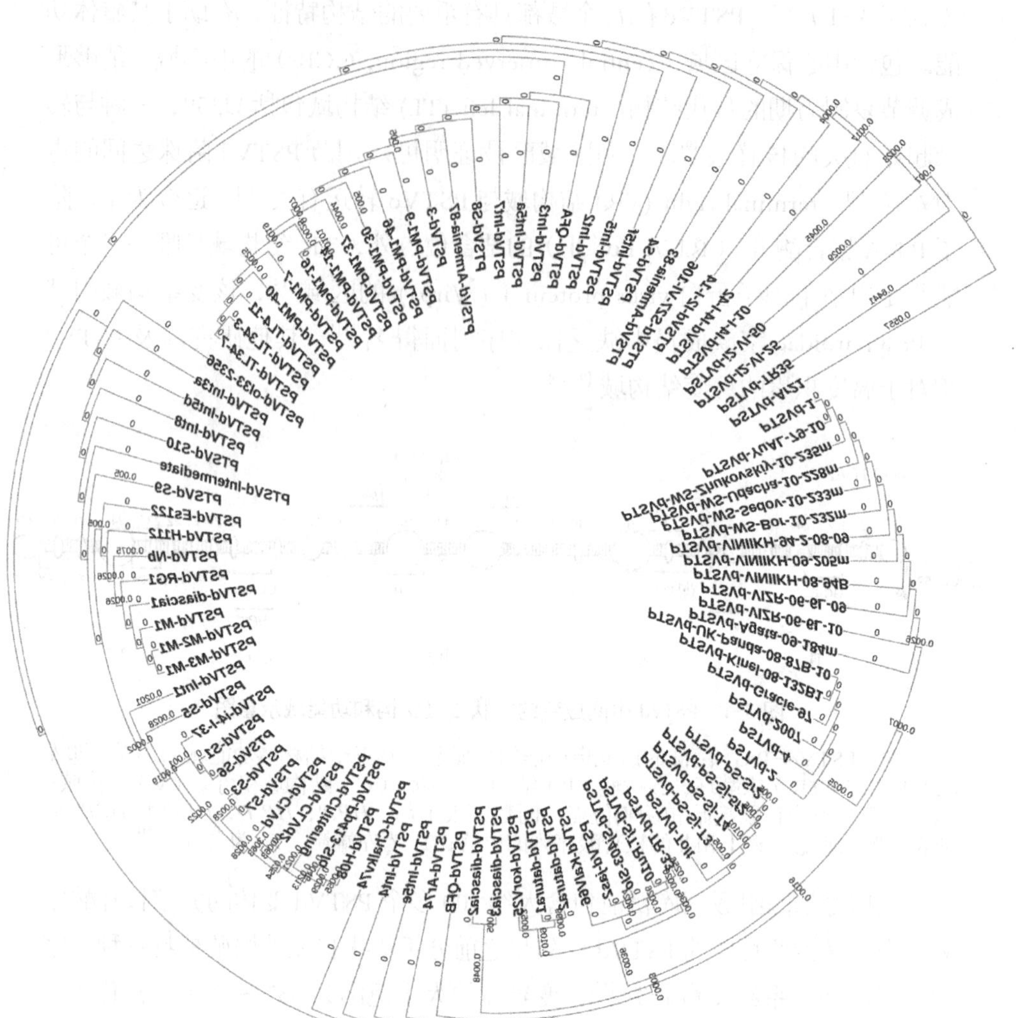

图 3-2　已知天然存在的 PSTVd 变体之间的系统发育关系

注：该进化树由 MEGA7 使用 neighbor-joining 构建，具有 1 000 个重复。

3.1.2　PSTVd 复制

由于缺乏蛋白质编码，类病毒的功能及其复制机制存在于其结构中。其高自互补性使环状 PSTVd RNA 折叠成具有高热力学稳定性的棒状二级结构[17]，PSTVd 感染必须激活宿主酶，如 RNA 聚合酶、RNase Ⅱ和 DNA 连接酶，以识别和复制单体 PSTVd 单位[17]。目前，研究学者们已经提出了两种用于类病毒复制的滚动圆模型。在不对称模型中，低聚（−）链未加工成单体圆；

低聚（+）链中间体不会自发地进行裂解，必须被蛋白质裂解，然后连接形成成熟的环状后代。PSTVd 的环状（+）链基因组 RNA 单元用作合成聚合物负多聚体（-）链 RNA 的模板，该多聚体 RNA 直接用作合成多聚体（+）链 RNA 的模板，该多聚体（+）链 RNA 被 RNase Ⅲ切割以获得单体，单体被 DNA 连接酶环化，以产生原始加循环 RNA（+）-PSTVd 单元的副本，其继续复制循环 [18-19]。在 PSTVd 感染组织中检测到阴性线性多聚体链，然后循环添加单体模板以分离模板互补转录链的复制复合物。在自然感染的植物中，没有从 PSTVd RNA 中减去单体环（见图 3-3）[20]。

众所周知，瞬时连接（+）RNA 复制的切割是由Ⅲ类 RNA 酶介导的 [21]，而循环化是通过重定向到环状 RNA 底物的核 DNA 连接酶 I 的活性来实现的 [18]。此外，已经表明环 E 在 RNA 结构的稳定中起着至关重要的作用，允许类病毒的循环化 [21-22]。复制过程中表现出其非凡的寄生能力、重新编程 DNA 依赖性 RNA 聚合酶的模板特异性，使其作为 RNA 依赖性 RNA 聚合酶，并将 DNA 连接酶的底物特异性重新编程为 RNA 连接酶。这种偏好背后的进化原因尚不清楚。为了完成它们的感染周期，类病毒还需要移动以侵入植物远端部分。最近的数据表明，PSTVd 和相关类病毒的杆状结构中的特定环 / 凸起由非规范对阵列稳定，其中一些元素在复制中起作用，另一些在系统性运输中起作用 [23]。

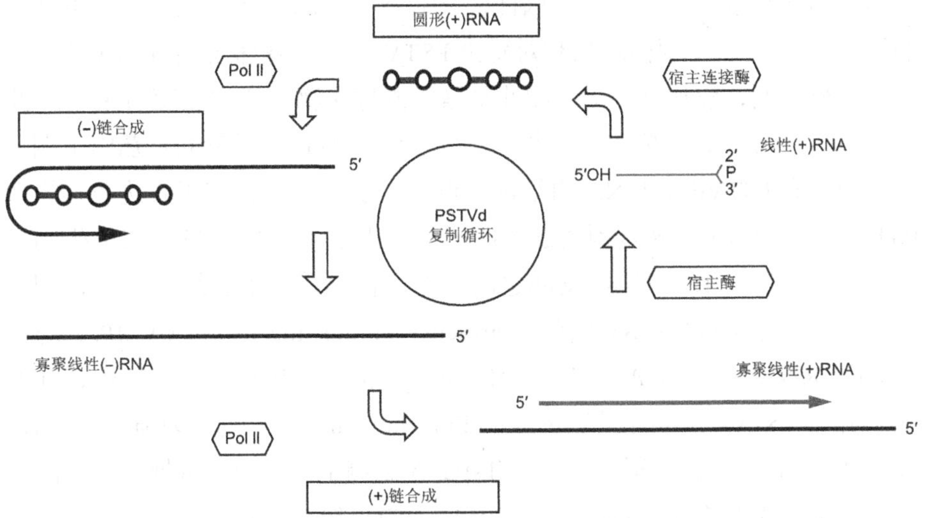

图 3-3 PSTVd 的复制遵循非对称滚动圆机制

注：细线和粗线分别指（+）和（-）链；修改自 Hammann 和 Steger[24]。

3.1.3 RNA沉默与PSTVd致病机制

虽然类病毒复制的分子机制现在已普遍得到很好的理解，但直到最近，只有理论模型可以解释序列变异与症状诱导之间的相关性。PSTVd和相关类病毒包含5个结构域，位于所谓“致病性结构域”内的序列变化对PSTVd症状表达有显著影响[25]，即使是单个核苷酸变化也会导致番茄植株的疾病症状存在很大差异[26–28]。然而，负责植物感染后症状发展的机制仍然难以捉摸。由于其高度的内部碱基配对和RNA–RNA复制模式，类病毒是RNA沉默的强诱导剂，并且越来越多的证据表明类病毒诱导的RNA沉默可能在疾病发展中发挥重要作用。一些研究小组描述了症状严重程度与源自PSTVd的小RNA积累之间的正相关[29–30]。RNA沉默是由长双链RNA转化为21和24个核苷酸的小RNA双链体触发的[31–32]，这种类病毒衍生的小RNA viroid–derived small RNAs（vd–sRNA）的积累已经在不同的类病毒－宿主组合中得到了广泛的研究[33–34]，并且已经证明多种植物蛋白可以结合这些vd–sRNA[35]。这些观察结果支持了这样的假设，即类病毒感染触发RNA沉默（RNA interference，RNAi），并且RNAi可能在症状诱导中发挥作用。

随后的研究表明，PSTVd感染的寄主植物含有高水平的21 ~ 24 nt类病毒衍生的小干扰RNA[10，32–33，36]。这种vd–siRNA可能靶向同源宿主转录本，用于转录后基因沉默。因此，类病毒诱导的症状可能基于宿主基因的沉默[24，32，37]。一项微阵列和对感染PSTVd的番茄植株的小RNA的深度测序分析表明，致病性与GA和油菜素类固醇生物合成的改变有关[38]。此外，一些参与GA和茉莉酸生物合成的基因在PSTVd感染的番茄中下调，被证明含有PSTVd小RNA的结合位点[39]。另一方面，使用表达非感染性PSTVd发夹RNA的转基因番茄系的研究得出了关于PSTVd发夹衍生的短干扰RNA积累与疾病症状发展之间可能存在关系的矛盾结果[32]。在烟草属中，对应于PSTVd–RG1菌株virulence modulating region（VMR）的人工microRNA（amiRNA）定向RNA沉默可溶性无机焦磷酸酶基因，并发展出异常PSTVd样表型[40]。Adkar–Purushothama等人的一项研究表明，源自PSTVd中间体菌株同一区域的sRNA下调了番茄中胼胝糖合酶基因的表达，并改变了诱导疾病的严重程度[41]。同一作者随后进行的一项计算机研究表明，源自VMR的siRNA也可能潜在地调节丝氨酸苏氨酸激酶受体基因的表达，以调节番茄的抗病性[42]。此外，在 PSTVd 感染的番茄中，几种内源性 miRNA 的积累受到抑制，这表明 vd-siRNA 可能下调相应的前 miRNA[16]。参与赤霉素和茉莉酸生物合成的两种番茄基因在其 ORF 中也含有 vd-siRNA 的结合位点，并且在 PSTVd 感染早期下调[43]。在马铃薯中观察到类似的情况，即 PSTVd 感染改变了马铃薯中激素途径相关基因的表达，包括赤霉素 7- 氧化酶（gibberellins7- oxidase）GA7ox）和赤霉素不敏感的蛋白 1（GA-INSENSITIVE DWARF1,GID1）[44]。

3.1.4　PSTVd 马铃薯的症状表达

在马铃薯中，PSTVd 感染植物的症状因类病毒菌株、马铃薯品种和环境条件而异。轻度菌株在马铃薯或番茄中通常不会引起明显症状，但可以通过交叉保护在马铃薯中实验检测到[44]。敏感品种中 PSTVd 的植株会表现严重的萎蔫状态。受感染的植物可能比健康的植物更小、直立，并产生更小的叶子。受感染的植物相比于正常植物呈现深绿色，叶子略带粗糙。腋芽也可能增殖，从而产生类似于扫帚的分枝症状（见图 3-4 ~图 3-6）[45]。

在地下段，受感染的块茎可能体积小、细长，呈纺锤形或哑铃形（疾病由此得名），出现畸形和破裂。芽眼深，可能位于可能发展成小块茎的节状突起上[46]。来自受感染植物的新茎比来自健康植物的新茎发芽得更慢，由此产生的小苗表现出各种异常症状[6, 31, 47]。

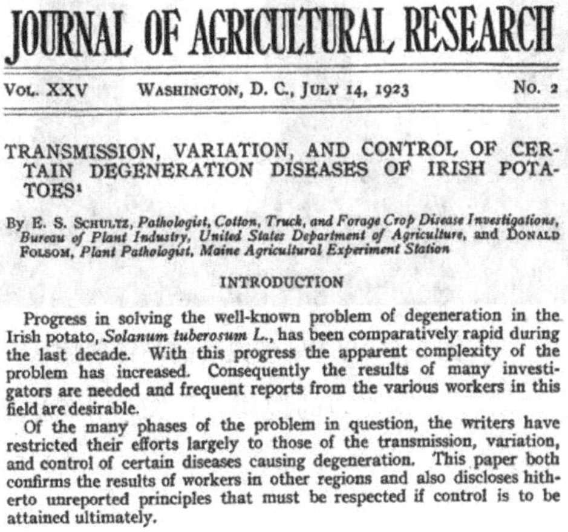
JOURNAL OF AGRICULTURAL RESEARCH

VOL. XXV　　WASHINGTON, D. C., JULY 14, 1923　　NO. 2

TRANSMISSION, VARIATION, AND CONTROL OF CERTAIN DEGENERATION DISEASES OF IRISH POTATOES[1]

By E. S. SCHULTZ, *Pathologist, Cotton, Truck, and Forage Crop Disease Investigations, Bureau of Plant Industry, United States Department of Agriculture*, and DONALD FOLSOM, *Plant Pathologist, Maine Agricultural Experiment Station*

INTRODUCTION

Progress in solving the well-known problem of degeneration in the Irish potato, *Solanum tuberosum L.*, has been comparatively rapid during the last decade. With this progress the apparent complexity of the problem has increased. Consequently the results of many investigators are needed and frequent reports from the various workers in this field are desirable.

Of the many phases of the problem in question, the writers have restricted their efforts largely to those of the transmission, variation, and control of certain diseases causing degeneration. This paper both confirms the results of workers in other regions and also discloses hitherto unreported principles that must be respected if control is to be attained ultimately.

图 3-4 马铃薯纺锤形块茎病

注：PSTVd 的生物学特性（左）；马铃薯的叶面和块茎症状（右）；1 为未感染对照，2 为感染 PSTVd 的植物 [6]。

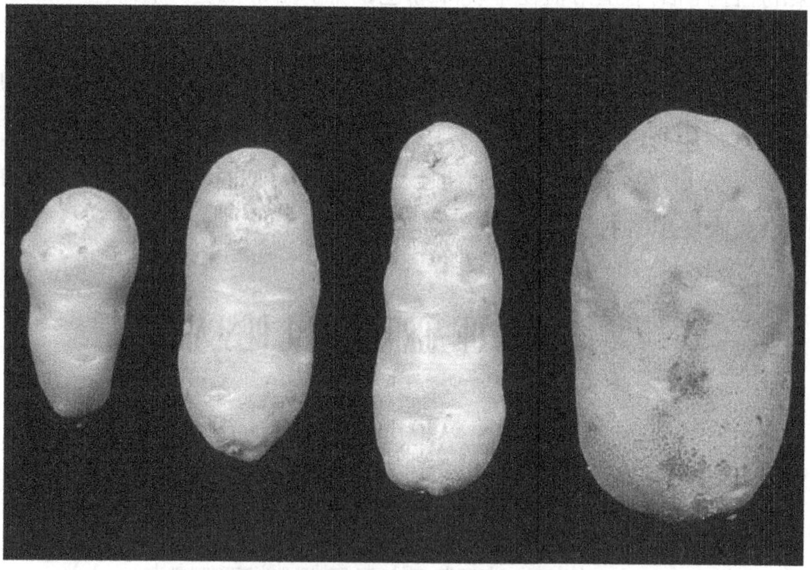

图 3-5 PSTVd 侵染后的马铃薯症状

注：品种为布尔班克（最右边的健康）；图片由 SA Slack 提供，来自 https：// gd.eppo.int。

图 3-6　PSTVd 继代积累的马铃薯

注：健康块茎（顶行），当季感染（第 2 行）和第 3 代感染的块茎（第 3 行）；品种为 Norgold Russet 和布尔班克；图片由 SA Slack 提供，来自 https：//gd.eppo.int。

3.1.5　PSTVd 的传播和流行病学

PSTVd 是欧洲和地中海植物保护组织（https：//www.iso.org/organization/9046.html）的 A2 等级检疫性病害，可能通过营养繁殖和生殖繁殖传播，导致其传播到许多国家[48]。块茎、扦插和微型植物的繁殖为 PSTVd 的传播提供了条件[28，49]，一旦侵染，感染会持续存在，并且极难通过常规方法（如茎尖剥离）去除[50]。在种质收集和杂交育种过程中，它也通过实生种子和花粉传播[47，51]。

1. 营养繁殖

Bonde 和 Merriam[52] 发现，当被传染性汁液污染的刀具在种植作物之前用于切割马铃薯种子块茎时，会发生 PSTVd 的传播。特别是，用传染性汁液污染块茎幼芽导致传播最大。一旦确诊，感染持续存在。因此，来自受感染批次的植物是其他批次和作物的永久接种源[52–53]。

2. 机械传动

在有利的条件下，特别是在温暖的情况下，PSTVd 很容易被正常的栽培活动所吞噬[28]。PSTVd 易于接触传播，这种传播的程度取决于其核酸的稳定性、浓度和接种物的来源[51，54]，该病通过健康植物和患病植物之间的自然叶接触以及田间受污染的耕作和爬坡设备、机械（例如刀具、板条箱和拖拉机）等机械传播[49]。

3. 受感染的种子和花粉

已知类病毒在温室条件下通过番茄和马铃薯种子和花粉传播[51，55]，PSTVd 被认为通过受感染的实生种子在世界各地的马铃薯种质收藏中传播[47]。种子传播率在番茄中高达 11%，在马铃薯中为 33% ~ 67%[44，48]，发育中的种子通过花粉或胚珠感染 PSTVd，感染率可达 100%。

4. 昆虫传播

蚜虫，特别是桃蚜，以及在欧洲发生的其他昆虫被认为是 PSTVd 可能的媒介[56]。蚜虫传播在 PSTVd 传播到作物中和作物之间的实际意义尚不清楚[57]，流行病学调查显示，PSTVd 感染与马铃薯卷叶病毒（PLRV）之间存在很强的相关性。在实验中，PSTVd 的蚜虫传播要求源植物同时感染 PSTVd 和 PLRV[57-58]，假定类病毒被 PLRV 外壳蛋白包裹。这种反式包衣膜已被证明可以保护类病毒免受体外核酸酶的消化，这表明体内可能发生类似的保护作用。

3.1.6 PSTVd 的经济影响

马铃薯是一种重要的经济作物，在世界各地都有播种，具有成功的大规模生产、消费，在公开市场上很容易获得。它由于高产量和高营养价值，被誉为世界第三大主粮，仅次于小麦和水稻[59]。PSTVd 发生在许多国家和地区，马铃薯 PSTVd 感染引起的症状和产量损失取决于马铃薯品种和 PSTVd 株系。PSTVd 的轻度株系可能导致 17% ~ 24% 的损失，而严重株系引起的损失可能接近 60% ~ 70%。环境条件会影响产量损失，高温也会增加病毒浓度。如果在较高温度季节晚些时候种植块茎，PSTVd 侵染的马铃薯植株病症会变得更加严重[44-45、51]，PSTVd 还会降低一些马铃薯品种的花粉活力和结薯率[60]。

除了消费价值外，马铃薯（一种无性繁殖作物）的作物价值还高度依赖种子质量。种薯的质量对后续产量至关重要，因此种子生产已在某些地区形成专业化生产。在发达国家，农民通常更有可能从专门的供应商那里购买无病的“脱毒种薯”。发展中国家的许多农民选择和储存自己的种薯，因此，在发展中国家，病毒和类病毒疾病是马铃薯产量低的主要原因之一[61]。块茎、扦插和微型薯的繁殖为病毒和 PSTVd 传播提供了条件[28, 49]，一旦侵染，PSTVd 感染是持久的，并且极难通过常规方法去除，例如通过茎尖剥离来清洁它。PSTVd 也可以在种质收集和杂交育种过程中通过马铃薯种子和花粉传播[47, 51]。然而，类病毒如何影响寄主马铃薯植株并在感染后诱导症状的形成机制仍然知之甚少。

3.2 马铃薯

3.2.1 马铃薯的形态特性

马铃薯基因组由 12 条染色体组成，这些染色体的数量可以变化，以产生二倍体、三倍体、四倍体、五倍体和六倍体马铃薯植物[62]。整株植物可分为地下和地上两部分：茎、叶、花和果实在地上；下有根、匍匐茎和块茎（见图 3–7）。作为营养繁殖植物，马铃薯使用块茎作为繁殖种子[63]，新植物可以从种块茎上的芽中生长，没有主根。根生长在芽周围的主茎基部，根在匍匐茎周围产生，形成吸收的根系[64–65]。

马铃薯的茎可分为主茎、匍匐茎和块茎。主茎取自块茎的芽眼，分为地上部分和地下部分。地上部分的主茎约为三角形或四边形，高 0.5 ~ 1 m，有 4 ~ 8 个分支[66]，茎直立或略带藤本，有纤毛。在生长季节结束时，养分从叶子和茎顺利地输送到地下部分，并开始促进根系发育、匍匐伸长和块茎形成[63–64, 67–68]。主茎地下部分有 6 ~ 8 节间，节上着生退化鳞片叶，叶腋生出匍匐茎，顶端有 12 或 16 个节间短缩膨大形成块茎。并非所有茎都能发育成较大的块茎，由于起始时间不同，土壤深度不同，也因为生长期不同[63, 68]，达到成熟的块茎数量取决于可用的水分和土壤养分。块茎的形状和大小可能有所不同，通常每个重达 300 g（10.5 盎司）。然后，块茎作为营养储存库，使植物能够在寒冷中生存，然后再生和繁殖。每个块茎都有 2 到多达 10 个芽，在其表面周围以螺旋状排列。芽眼可长出新的芽，当条件再次有利时长成新的植物[66, 69]，诱导结节化的植物在叶子中产生嫁接传递信号，该信号被基本运输到生长的匍匐茎尖端，在那里，它促进块茎形成[70-71]。这种可传播信号的确切性质尚不清楚，但它很可能是基于诱导和抑制信号类型的混合[71]。

3.2.2 马铃薯的生长发育

马铃薯块茎的生命周期的特点是开始和生长，然后是休眠期，最后发芽，开始下一代（营养）[72]（见图 3–8）。马铃薯植物从种植到成熟的生长期从 100 天到 150 天不等，品种之间存在差异。其发展阶段通常分为 6 个阶段[73-77]。

在第一阶段，新芽从上一季成熟块茎的生长芽或芽眼中出现[76]。当它们从种植的种薯中出来时，芽向上生长并最终推到土壤表面以上。种薯的发芽在休眠终止后，伴随着细胞代谢的显著增加，芽从初级块茎的芽眼出现[78-79]。在第二阶段，根生长开始，植物发展其地上结构，包括叶子和树枝，光合作用过程开始[73, 76]，植物的所有营养部分（叶子、树枝、根和匍匐）形成。阶段一和二持续 30 ~ 60 天，具体取决于种植日期，土壤温度和其他环境因素，块茎的生理年龄以及特定品种的特征[80]。在第三阶段，块茎开始启动。种薯种后约 30 ~ 60 天，匍匐茎从茎上的下叶腋发育并向下生长到地下，在这些匍匐茎上，新的块茎发育为匍匐茎的肿胀[81]，这个阶段通常（但并非总是）发生在植物开花之前。当土壤温度达到 27 ℃时，块茎的形成停止，因此，马铃薯被认为是凉爽季节或冬季作物。

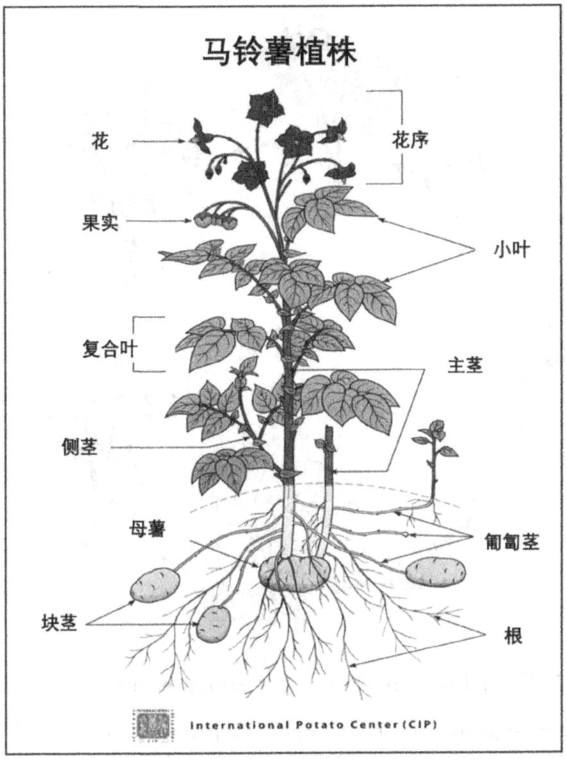

图 3-7　马铃薯形态结构（来自 http: //cipotato.org/potato/how-potato-grows）

块茎膨胀发生在第四阶段，当植物将其大部分能量引导到新块茎的生长时 [75-76]。在膨大期间，块茎成为马铃薯植物的最大能量消耗部位，储存大量的碳水化合物（主要是淀粉）和大量的蛋白质 [77, 82]，细胞膨胀，块茎大小急剧增加 [77]。在这个阶段，有几个因素对良好的产量至关重要，最佳的土壤湿度和温度，土壤养分的可用性和平衡，以及对害虫攻击的抵抗力 [83]。

第五个也是最后一个阶段是块茎的成熟，植物的生长减慢并最终完全停止。叶子中的光合作用减慢，块茎停止生长 [77]。马铃薯藤蔓在地面上和地下死亡，块茎皮变硬，块茎中的糖转化为淀粉，为它们的休眠期做准备 [72-73, 75]。在这个阶段结束时，植物死亡。马铃薯管在种植后 120 ~ 160 天收获，这可能因品种、生产地区和销售条件而异。在这个阶段，块茎中的糖转化为淀粉，淀粉是第二年植物的有效营养来源，也是收获优质马铃薯的重要组成部分 [75-76, 82]。虽然休眠被定义为没有可见的生长，但休眠时分生组织在代谢上是活跃的。一般来说，许多细胞过程（如呼吸、转录和翻译）的速率在休眠期间受到抑制。非分裂的休眠块茎分生组织在 G-1 期被阻止。将其定义为第六阶段 [75, 77]。

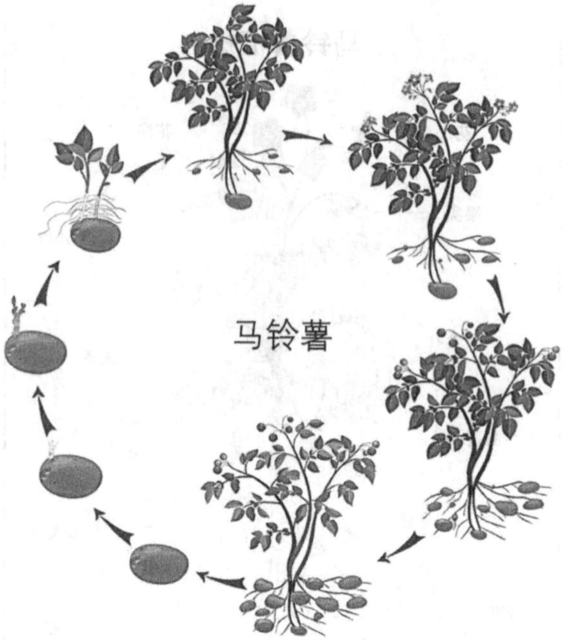

图 3-8　马铃薯生长周期（来自 https：//www.dreamstime.com/parts-potato-plant-parts-plant-morphology-potato-plant-title-image119128844）

3.3　TCP 转录因子

3.3.1 TCP 转录因子在植物发育中的作用

Teosinte branched1/Cycloidea（*TCP*）基因家族是植物转录因子家族，于 1996 年首次被描述[84–86]。该家族的成员已被证明在调节植物生长发育的多个方面发挥重要作用：花发育、激素信号转导、配子体发育、细胞增殖和分化的协调、顶端分生组织的调节等[87–105]。

TCP 的特征在于存在 59– 氨基酸的非标准 basic_Helix_Loop_ 螺旋（bHLH）基序，该基序负责 DNA 结合和蛋白质 – 蛋白质相互作用[106–107]，如玉米中的 TEOSINTE BRANCHED 1（*TB1*）、金鱼草的 CYCLOIDEA（*CYC*）和水稻中的增殖细胞因子 1 和 2（PCF1 和 PCF2）[106, 108]。根据 TCP 结构域同源性，TCP 蛋白可分为两个亚家族：Ⅰ类和Ⅱ类。Ⅰ类也称为 PCF 亚支；Ⅱ类可进一步细分为 CIN 和 CYC/TB1 亚支[109–110]。

与Ⅱ类蛋白质相比，Ⅰ类和Ⅱ类亚家族之间最明显的区别是位于Ⅰ类 TCP 结构域基本区域的四个氨基酸缺失。据报道，这些氨基酸结合启动子并直接影响编码核心细胞周期调节因子（如细胞周期蛋白和复制因子）的基因的转录以及与参与这些过程的其他蛋白质的相互作用。两类 TCP 的 DNA 结合序列略有不同，但部分重叠，Ⅰ类为 GGNCCCAC，Ⅱ类为 GTGGNCCC。体外筛选实验表明，水稻 PCF2（Ⅰ类）优选结合序列 GGNCCCAC（互补链中的 GTGGGNCC），而 PCF5（Ⅱ类）优选 GGGNCCAC[111]。Ⅱ类蛋白 AtTCP4（拟南芥 TCP4）选择序列 GGGACCAC，表示在第四位对 A 的偏好高于 PCF5[101，112–113]。Ⅰ类 TCPs AtTCP11、AtTCP15 和 AtTCP20 的研究表明，这些蛋白质具有相似但不完全相同的 DNA 结合偏好，并且能够与 GTGGGNCCNN 类型的非回文结合位点相互作用[114]。此外，AtTCP20 与含有核糖体蛋白和呼吸链成分编码基因中存在的所谓“位点Ⅱ元素”（TGGGCY）或相关序列的启动子区域结合[87，107，114–117]。因此，来自不同 TCP 类别的蛋白质显示出不同但非常相似的 DNA 结合特异性。这些共识序列是否适用于各自类别的所有成员，以及 DNA 结合特异性存在的差异目前尚不清楚。

大多数Ⅰ类成员的功能尚未阐明。在拟南芥中，AtTCP14 和 AtTCP15 已被鉴定具有通过赤霉素信号通路在种子萌发期间激活促进胚胎生长的功能[99–100]。AtTCP14 和 AtTCP15 是研究最充分的Ⅰ类 TCP，也通过促进细胞增殖以延长年轻的节间来影响植物结构[118]。据报道，拟南芥 AtTCP20 参与细胞分裂[117，119]，相比之下，TCP 的大多数Ⅱ类成员的功能已经得到证实。*CIN* 类基因可能会调节叶片发育。在拟南芥中，使用 ***miR319*** 的异位表达下调含有 ***miR319*** 结合位点的五个 *CIN* 类基因（*AtTCP2*、*AtTCP3*、*AtTCP4*、*AtTCP10* 和 *AtTCP24*）可以干扰叶片发育[99，102，121]。此外，番茄中几个 LA 类基因的下调产生了更大的小叶且叶缘不间断生长[120]。*TB1* 样基因已被确定为分支生长的抑制因子，拟南芥 *AtBRC1* 突变体比野生型植物显示出更多的分支[94，95]。玉米 *TB1* 突变体由于顶端优势丧失而增加了分支出现的数量[121]。在番茄（*Solanum lycopersicum*）中，两种 *BRC1* 样旁系（*SlBRC1a* 和 *SlBRC1b*）在调节腋芽发育方面具有相似的功能[96]。*CYC* 型（CYCLOIDEA）基因的作用可能是花发育的调节剂。*CYC* 进化枝基因的过表达和抑制可能导致非洲菊（菊科）的花序屈服并产生不同的花型[97–98]。

作为一种经济上重要的作物，马铃薯 TCP 家族的研究远远落后于其他植物物种。Faivre 等人首先报道了 *StTCP1* 的功能特征，*StTCP1* 是一种参与控制分生组织的马铃薯 TCP[122]。后来证明 *StTCP1* 在独脚金内酯信号传导下游起作用，以控制分支并诱导次级块茎生长和增大[123]。分支 1 基因 *StBRC1a* 编码 TCP 转录因子，该转录因子控制空中和地下侧枝生长、匍匐茎伸长和块茎形成[124]。来自马铃薯 TCP 转录因子家族综合分析的信息，将有助于未来研究这些蛋白质在马铃薯和相关作物中的功能。

3.3.2 TCPs 与赤霉素信号通路基因的相互作用

赤霉素（GAs）是植物激素的主要类别之一，是一组二萜类化合物，参与控制植物发育的各个方面，包括发芽、茎伸长、根生长、叶片扩张、表皮毛发发育、花粉管生长、花和果实发育[87, 125–131]。DELLA 蛋白由 GA 不敏感蛋白、GA1–3 阻遏子、RGA–LIKE1（RGL1）、RGL2 和 RGL3 组成，是 GA 反应的中枢抑制因子[128, 132]。GA 还促进生长抑制因子 DELLA 蛋白的泛素化和降解。当 DELLA 由于低 GA 水平而积累时，这些蛋白质结合并灭活许多 TFs，对植物发育产生关键影响[87, 128]。DELLA 蛋白与 TCP14 和其他 Ⅰ 类 TCP 因子相互作用，无论是在花序枝顶端还是在胚胎根顶端分生组织中[100, 105]，这导致了 DELLA/TCP 相互作用阻止 TCP 诱导的细胞增殖。在花序芽顶端，DELLA 蛋白 GA 不敏感（GAI）和 GA1 抑制子（RGA）与 TCP 形成非生产性复合物，从而阻止后者与核心细胞周期基因的启动子结合[105]。同样，在种子中，GAI 和 RGA–LIKE2（RGL2）相互作用，阻止 TCP14 和 TCP15 刺激根顶端分生组织中的细胞分裂[100]。在这两种情况下，GA 诱导的 DELLA 降解都会释放 TCP，从而分别刺激枝条伸长和种子萌发。与该模型一致，Ⅰ 类 TCP 突变体显示出 GA 敏感性降低[100, 129]。表达转化子对 GA 更敏感[133, 134]，这增加了 Ⅱ 类 TCP 蛋白以类似方式起作用的可能性。虽然 GA 作用可以部分解释为细胞分裂中 TCP 功能的直接调节，但 TCP 本身可能会影响 GA 的合成和信号传导（见图 3–9）。在拟南芥中，TCP3 导致叶片中 GAI 上调[90]；而在番茄中，直系同源物 TCP 蛋白通过在叶片发育过程中上调 *SlGA20–OXIDASE1* 基因参与 GA 生物合成[126]。此外，我们可以推测，通过与 DELLA 结合，TCP 可能反过来拮抗 DELLA 对其他激素信号通路的影响，如油菜素类固醇、独脚金内酯、茉莉酸酯、生长素和细胞分裂素[129]。

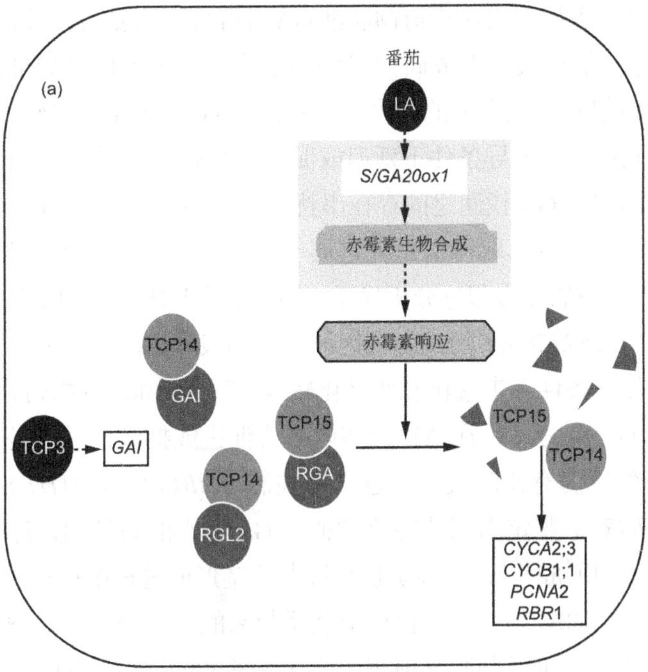

图 3-9 TCP 和 GA 互作的信号途径

注：Ⅰ类（黑色）和Ⅱ类（浅灰色）TCP 与赤霉素（GA）相互作用[87]。

3.3.3 赤霉素参与马铃薯发育

在马铃薯中，赤霉素已被证明参与许多重要过程，如种子发芽、开花、成熟、块茎形成和发育等。外源 GA 的应用长期以来一直用于打破种子的休眠[135−138]、抑制块茎形成[137−141]。

Bamberg 和 Hanneman 首次报道了马铃薯中赤霉素相关的功能[142]，他们发现来自 *Solanum tuberosum* 组 *Andigena* 和 *Tuberosum* 的亲本产生深绿色的后代，节间非常短，导致莲座状生长。这些被指定为矮化的个体，可以通过外源性 GA 3 完全恢复正常生长和外观[142]。测试杂交表明，这种表型是由单个基因座 *ga 1* 的作用来解释的，矮小表型是由无效或完全隐性条件赋予的（*ga 1 ga 1 ga 1 ga 1*）[142]。后来，Van den Berg 等人发现，与野生型相比，矮化株系中 GA 1 的含量减少了 25 倍[143]。矮化植物具有与 Bamberg 和 Hanneman 描述的相同的形态特征，在 *S. tuberosum* cv *Pito* 中也有报道[142, 144]，他们在矮化株中发现了非常低量的 GA 含量，表明 GA 生物合成途径的早期部分存在被抑制。木村和保坂研究的矮小植物通过 GA 外源处理恢复到正常表型[145]。

GA 也是一组与块茎形成研究最多的激素，有令人信服的证据表明它们在块茎形成中起着至关重要的作用。生物活性 GAs 或 GA 生物合成抑制剂的应用已被证明在块茎诱导条件下延迟或促进块茎形成[71, 146]。此外，一些研究报告了日长感知与 GA 代谢之间存在串扰[71, 147]，在过去的十年中，在鉴定参与 GA 代谢的基因方面取得了重大进展[148, 149]。在马铃薯中，对 3 个分离的 GA20 氧化酶基因的北方印迹分析显示，所有 3 个基因在匍匐茎和块茎组织中均有表达[150]。*StGA20ox1* 的过度表达导致植物表现出块茎形成延迟，而抑制无性系在短日照条件下半矮化和块茎化较早[150]。生物活性 GA 或前体本身是可传播信号的一部分，是在植物块茎内形成促进或抑制信号，是在敏感性或运输中发挥作用仍有待解决。通过转录控制（*StBEL5*，*POTH1*）或改变 GA 敏感性（*PHOR1*）鉴定出调节马铃薯植株 GA 水平的新基因，这些基因被证明会影响块茎的形成[147]，这表明在马铃薯块茎形成过程中存在控制 GA 水平的复杂机制。将 GAs 与块茎发育调节联系起来的另一个重要证据是观察到体外生长的微块茎在可见肿胀之前根尖下区域的 GA1 水平下降[151]，当诱导马铃薯植株结块茎时，匍匐茎生长停止，GAs 水平的降低被认为导致细胞微管的纵向重新定向，允许侧向细胞扩增和分裂[149, 152−153]。然而，在匍匐茎肿胀之前降低生物活性 GA 水平的调控机制仍然未知。

外源性 GA3 打破块茎休眠的能力首先由 Brian 等人报道，随后被其他人证实[141, 154−155]。此外，某些转基因异位表达导致内源性 GA 含量增加与休眠块茎过早发芽和随后的萌芽过度伸长有关[150]。外源性施用赤霉酸（GA）可增强休眠断裂，尽管在块茎可见发芽之前内源性赤霉素水平并未增加[152]。当 GA 施用于植物叶子时，随后收获的块茎比未经处理的植物的块茎更快地打破休眠[156]。

3.4 本研究的意义

类病毒是小的环状非编码 RNA 病原体，其基因组大小范围为 246 ~ 401 nt。 PSTVd 是马铃薯“纺锤块茎”病（*Solanum Tuberosum* L.）的病原体，是 Pospiviroidae 家族的类型成员[1, 157]。PSTVd 在韧皮部的细胞核中复制并在整个植物中全身移动，感染可导致多种症状[158]。发育迟缓是对 PSTVd 感染的一种非常常见的反映，在马铃薯中，受感染植物的块茎比正常的小、细长或呈纺锤形，突出的芽眼均匀分布在表面上。来自受感染植物的块茎比来自健康植物的块茎发芽得更慢，由此产生的小苗表现出多种症状[6, 31, 159]。

作为一种无性繁殖作物，种薯对质量的要求非常高。块茎、插条和微型植物的繁殖提供了一种非常有效的 PSTVd 传播方式[28, 49]，一旦建立，感染就会持续存在，并且极难通过常规方法（如茎尖剥离）去除[50]。PSTVd 在种质收集和杂交育种过程中也通过花粉和真正的马铃薯种子传播[51]，尽管对种子和马铃薯的生产构成威胁，但 PSTVd 感染后症状诱导的机制仍然知之甚少。

RNA 沉默，也称为 RNA 干扰（RNAi），提供多层防御系统，保护植物免受外源 RNA 复制子（如病毒和类病毒）的入侵[32]。沉默是由长双链 RNA 转化为 20 ~ 24 个核苷酸的小 RNA（sRNA）双链体触发的，并且对于这种类病毒衍生的 sRNA（vd-sRNA）的积累，已针对几种不同的类病毒 - 宿主组合进行了广泛的研究[33-34]。它们高度的内部碱基配对和 RNA-RNA 复制模式使类病毒成为 RNA 沉默的强诱导剂，受感染的宿主植物通常含有高水平的 20-nt ~ 24-nt 类病毒衍生的小干扰 RNA（vd-siRNA）[10, 32-33, 36]。这些 vd-sRNA 与多种植物 Argonaute 蛋白结合，从而支持了类病毒感染触发 RNA 沉默以及该过程在症状诱导中发挥作用的假设[160]。

PSTVd 包含五个结构域：末端左侧区域、致病性区域、中央保守区域、可变区域和末端右侧区域[161]，即使是致病性结构域的所谓“毒力调节”部分的单个核苷酸变化也可能导致症状表达的显著差异[26, 27]。在烟草属物种中，对应于 PSTVd-RG1 菌株毒力调节区的人工 microRNA（amiRNA）指导可溶性无机焦磷酸酶基因的 RNA 沉默和异常表型的发展[40]。Adkar-Purushothama 等人的第二项研究显示，源自 PSTVd 中间体菌株同一区域的 sRNA 下调番茄中腓胝糖合酶的表达并改变疾病的严重程度[41]。同一作者随后进行的一项计算机研究表明，源自 VM 区域的 siRNA 也可能与丝氨酸苏氨酸激酶受体相互作用以调节抗病性[42]。Katsarou 等人的另一项研究表明，PSTVd 感染会改变激素通路相关基因的表达，尤其是赤霉素 7 氧化酶基因[162]。

在这里，本研究报告了 PSTVd 病是由 PSTVd 衍生的小干扰 RNA（siRNA）沉默编码基因 *StTCP23* 的马铃薯转录因子引起的第一个证据。具体来说，本研究证明了 *StTCP23* mRNA 具有与 PSTVd 的毒力调节区（VMR）互补的 21-nt 序列。此外，本研究表明 *StTCP23* 表达在 PSTVd 感染的马铃薯中受到抑制，并且这种抑制伴随着 *StTCP23* 转录本在确定的互补区域内的切割。在植物中 VMR 序列作为 21-nt 人工 microRNA（amiRNA）的表达，或马铃薯植株被含有 *StTCP23* 序列的病毒诱导的基因沉默载体感染，导致 *StTCP23* 转录本丰度降低和 PSTVd 样疾病症状的表达。*amiR46* 的瞬时表达导致 GFP-*StTCP23* 3’ UTR 融合转录本在预测位点裂解。此外，病毒诱导的 *StTCP23* 基因沉默（VIGS）导致表型与 PSTVd 感染植物非常相似。与 *StTCP23* 在调节赤霉酸（GA）生物合成和信号通路中的预测功能作用一致，PSTVd 感染和表达 amiRNA 的植物的 GA 水平均降低。本研究结果提供了令人信服的证据，证明 *StTCP23* 通过 GA 相关机制正向调节马铃薯发芽和块茎发育，并且 PSTVd 感染时出现的疾病症状是由 VMR 衍生的 siRNA 沉默 *StTCP23* 引起的。

3.5 研究结果

3.5.1 *StTCP23* 参与马铃薯 PSTVd 样症状发展

马铃薯是全球第三大粮食作物，仅次于水稻和小麦。PSTVd 感染对马铃薯产量和品质有显著影响，引起生长迟缓，形成小块茎和纺锤形块茎等特征性病害症状。作为一种无性繁殖作物，种薯块茎的质量对马铃薯生产极为重要。然而，一旦开始感染，PSTVd 很难从受感染的块茎中消除[45, 163]，使其成为极难控制的病原体。

其非蛋白编码基因组的核苷酸序列在 PSTVd 疾病症状发展中的重要性早已得到认可。例如，已知位于其杆状 RNA 结构左侧的毒力调节区的核苷酸序列在指导 PSTVd 致病性方面很重要，一个到几个核苷酸的变化会导致疾病严重程度的显著差异[8, 164]。先前已经预测和 / 或证明源自 VMR 区域的小 RNA 靶向不同的宿主基因，以便在番茄和烟草等几种植物物种中沉默，并且已经提出这种 sRNA 诱导的宿主基因表达调节来解释在受感染植物中诱导 PSTVd 疾病样症状[40, 41, 157, 165-168]。然而，将宿主基因表达修饰与疾病症状发展联系起来的分子事件和 / 或途径仍有待确定。此外，VM 衍生的 sRNA 是否也靶向马铃薯中的宿主基因，以及 sRNA 定向宿主基因沉默是否是导致在该物种中观察到 PSTVd 疾病症状的原因仍然未知。

本研究确定了编码 TCP 转录因子的马铃薯基因 *StTCP23* 的转录本作

为 VMR 衍生的 sRNA 定向表达调控的潜在靶标。生物信息学分析显示，*StTCP23* 的 3' UTR 与 PSTVd-RG1 基因组的 nt 45 ~ nt 65 的 VMR 序列之间存在高水平的序列互补性。使用北方印迹和 real time PCR 分析的组合，首先证明了接种后 3 个月 PSTVd 接种植物中 VMR 特异性的 21-nt sRNA 的积累。此外，VMR 特异性 sRNA 的积累与 *StTCP23* 转录本丰度降低和 PSTVd 疾病症状发展有关。对感染 PSTVd 的马铃薯植株进行 3' full-length mRNA rapid amplification of cDNA ends（RLM RACE）分析，检测到 *StTCP23* 切割产物，这些切割产物与 *StTCP23* 序列同源性区域内与 PSTVd VMR 的预期切割位置一致。此外，在没有 PSTVd 感染的情况下，病毒诱导的 *StTCP23* mRNA 基因沉默导致马铃薯中 PSTVd 样表型。综上所述，这些结果提供了强有力的证据，证明 VMR 衍生的 sRNA 指导基于 mRNA 切割的沉默，以抑制 PSTVd 感染时 *StTCP23* 的表达。

为了证明降低的 *StTCP23* 表达对 VMR 衍生的 sRNA 具有特异性，并且这种 VMR-sRNA 定向的表达抑制是 PSTVd 疾病症状出现的原因，本研究表达了一系列 21-nt 人工 miRNA，其与转基因马铃薯中 VMR 衍生的 sRNA 具有相同的序列。对应于 Vd-siRNA45 和 Vd-sRNA46 的 *amiR45* 和 *amiR46* 的表达导致推定靶基因的下调，以及与野生型马铃薯植株在感染 PSTVd-RG1 时表现出的表型非常相似的表型表达。此外，一些 *amiR46* 转化品系也比未转化的马铃薯植物更快地成熟、结块茎并进入衰老。表达 *amiR47* 或 *amiR50* 的系，分别对应于从基因组位置 nt 47 和 nt 50 开始的 VMR 序列，也表现出类似的 PSTVd 样症状，尽管严重程度降低，并且在总转化人群中所占比例较小。与表达 VMR 衍生的 amiRNA 的系相反，表达 *amiR24* 或 *amiR71* sRNA 的马铃薯，对应于 VMR 两侧序列的 sRNA，在植物生长和块茎形成中都是野生型的，并且未能显示出任何容易观察到的表型。

与表达 *amiR45* 或 *amiR46* 的植物所显示的更严重的表型相比，与 *amiR47* sRNA 的植物内表达相关的相对较弱的表型可能是由于与 *amiR45*：：*StTCP23* 或 *amiR46*：相比，*amiR47*：：*StTCP23* 双链体中完全匹配或 G：U 摆动碱基对的数量减少。同样，将 *amiR*50 与 21-nt *StTCP23* 靶基因序列进行比较，发现相应的双链体只有 14 nts 的完美互补性。*amiR50*：：*StTCP23* 双链体（ΔG=−7.75 kcal/mol，1 kcal=4.184 kJ）的预测热力学稳定性也远弱于 *StTCP23* 靶基因与 *amiR45*（ΔG=−22.3 kcal/mol）、*amiR46*（ΔG=−21.6 kcal/mol）或 *amiR47*（ΔG=−19.3 kcal/mol）sRNA 之间

形成的任何相应双链体。热力学稳定性的这种差异可能解释了这样一个事实，即在所研究的四个 VMR 衍生的 amiRNA 转化品系群体中，对 *amiR50* 转化株系观察到最弱的表型效应。BLAST 搜索了目前可用的结节链球菌转录组数据，以寻找与两种非 VMR amiRNA（*amiR24* 和 *amiR71*）互补的序列，未能鉴定出任何具有功能相关性的假定靶转录本，这表明这两种 sRNA 都无法促进 PSTVd 诱导的马铃薯宿主基因沉默。

综上所述，amiRNA ：：*StTCP23* 序列互补性与 VMR 衍生的 amiRNA 植物表达的发育表型的严重程度之间的强相关性，以及非 VMR amiRNA 表达植物中缺乏任何可见的表型，强烈表明 amiRNA 定向 RNA 沉默 *StTCP23* 负责转化马铃薯植株表达的表型。这些结果还表明，PSTVd 感染马铃薯中相应的 VMR 衍生 sRNA 通过指导 *StTCP23* 的沉默来负责疾病症状的发作。这一发现也与先前报道的马铃薯 StTCP 功能一致。最近的报道已经证明，*StTCP1* 参与控制马铃薯的分生组织活化和块茎生长 [122–123]，Solanum tuberosum Branching 1a（*StBRC1a*）还被鉴定出能够促进马铃薯茎分枝、匍匐茎生长、块茎起始和抑制枝条生长 [124]。

3.5.2 *StTCP23* 与赤霉素通路相互作用诱导马铃薯 PSTVd 样症状发展

StTCP23 属于 TCP 类转录因子，是一组在调节植物生长发育，特别是叶片发育、幼年节间和特化花器官细胞增殖、分枝和叶形发育中起重要作用的转录因子 [88，90，169–172]。TCP 家族基因与其他含有碱性螺旋 – 环 – 螺旋（basic helix–loop–helix, bHLH）基序的蛋白质具有某些结构相似性，这些基序促进 DNA 结合和蛋白质 – 蛋白质相互作用，并且最近的少量报道表明，1 类 TCP 转录因子与花序枝顶端的 DELLA 蛋白相互作用可控制植物高度并降低对赤霉素的反应性 [105，128]。在 *amiR45* 和 *amiR46* 转化品系以及 *Solanum tuberosum* teosinte branched1/Cycloidea/Proliferating cell factor23- virus-induced gene silencing（*StTCP23*-VIGS）植物中观察到的异常表型与这些发现一致，即 *StTCP23* 表达的下调，因此，这些植物中的 *StTCP23* 活性导致叶片发育迟缓，叶片扭曲和异常分枝，并在其地下部分形成细长的纺锤形块茎。赤霉酸（GA）促进抑制生长的 DELLA 蛋白的泛素化和降解。低水平的 GA 允许 DELLA 蛋白积累，然后这些蛋白质结合并灭活许多对植物发育具有关键调节作用的转录因子。与 DELLA 蛋白相互作用的蛋白质中有 20％已被证明属于 TCP 转录因子家

族[173]。因此，GA 诱导的 DELLA 降解会释放这些 TCP，从而分别刺激枝条伸长和种子萌发[174]。

马铃薯块茎的形成和生长是一个复杂的过程，受许多激素的调节；特别是，GA 的作用与块茎形成的几个不同方面有关。块茎形成的发生与匍匐茎顶端下区域的生物活性 GA 下降密切相关，分解代谢酶（potato GA 2-oxidase gene, StGA2ox1）的早期诱导在这一过程中起着至关重要的作用[149]。然而，由于匍匐茎中生物合成赤霉素 3β 羟化酶（gibberellin 3β-hydroxylase,GA3ox）的特异性表达，生物活性赤霉素水平的增加仅对块茎的形成产生非常微妙的影响[175-176]，参与 GA 失活的基因（*StGA2ox1*）的上调或 GA 生物合成基因（*StGA3ox2*）的下调将允许正常块茎形成所需的肿胀匍匐茎内的 GA 含量快速降低[61, 177]。

Katsarou 等人报道，PSTVd 感染导致发育中的马铃薯块茎中 *StGA7ox* 的表达下调[162]。此外，参与 GA 前体 GA20 合成的另外一个基因 *StGA20ox1* 的表达已被证明通过抑制 DELLA-GAF1 复合物受到 GA 的负反馈控制[178]，这些 GA 代谢基因在 PSTVd 感染植物中的差异表达为 PSTVd 感染对块茎发育过程中 GA 代谢和信号传导的影响提供了新的见解。本研究首次在信号通路的各个层面观察到 PSTVd 感染的影响，转录因子（如 *StTCP23*）的作用如何向下游传播以改变单个酶的表达和/或丰度仍有待确定。Ⅰ类 TCP 转录因子显示出与包含序列 TTGGGCC、GTGGG、GTGGGCCNNN 和 TGGGC 的顺式元件相互作用的偏好[105, 114, 117, 170, 173, 179]。考虑到 *StTCP23* 属于第 1 类，本研究检查了 *StGA7ox* 的启动子区域（任意定义为初始 ATG 起始密码子的 -2 000 ~ -10 bp）和本研究中评估的其他五个 GA 相关基因是否存在这些元素。每个启动子至少包含其中两个元素，但没有单一的元素组合可以与上调或下调表达相关。

本研究结果提供了迄今为止最有力的证据，证明 RNA 沉默在介导 PSTVd 感染（可能由其他负质激素）引起的疾病诱导中起核心作用。在马铃薯块茎中，由源自 PSTVd 的 VMR 的 sRNA 指导的 TCP 转录因子 *StTCP23* 的表达减少，显示出编码参与 GA 信号传导的蛋白质的转录本水平的变化、赤霉素生物合成/降解、GA 浓度降低，以及与多氯布曲唑引起的形态变化非常相似，一种广泛使用的 GA_3 活性抑制剂见图 3-10。

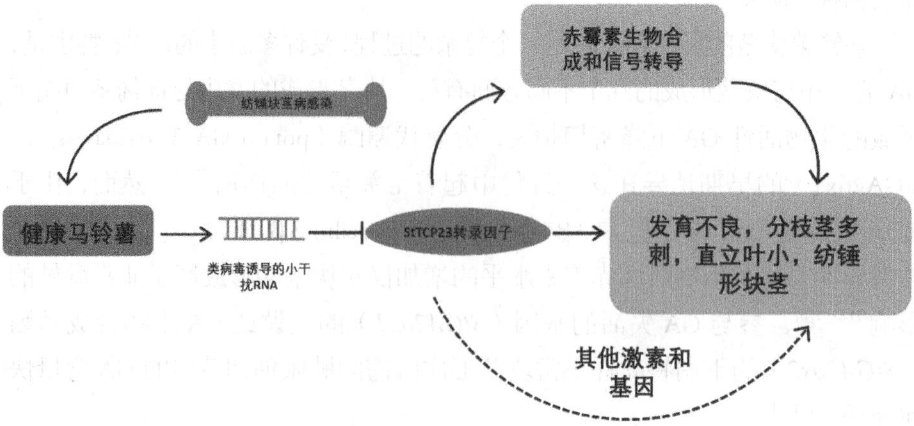

图 3-10　PSTVd 介导的 *StTCP23* 沉默对植物发育的影响

目前，我们需要更多的研究来表征：① *StTCP23*、DELLA 蛋白 GAI 和赤霉素受体 GID1 之间的相互作用；② *StTCP23* 在调节参与 GA 生物合成或降解的关键基因的表达中的作用；③ GA 生物合成相关基因的过表达可能会增加对 PSTVd 的抗性。为了真正证明 PSTVd 衍生的 siRNA 与感染症状之间的联系，我们需要证明具有排除靶向 *StTCP23* 的突变的 PSTVd 序列变异不会诱导相同的症状，或者它们也可能表明 PSTVd-RG1 不会在其他马铃薯品种中诱导 *StTCP23* 相关症状，这些马铃薯品种在 *StTCP23* 目标区域（3' 非翻译区域）具有序列差异。特别令人感兴趣的是，叶子中发生的相互作用与块茎中发生的相互作用可能存在差异。如果来自 VMR 的 sRNA 确实在启动与 PSTVd 感染相关疾病的过程中起关键作用，那么将来有可能使用 sRNA 海绵策略抑制其功能，从而抑制疾病发展。虽然本研究为马铃薯中 vd-sRNA 介导的疾病机制提供了强有力的证据，但鉴于植物中不同类病毒的疾病症状的许多共同特征，也应考虑其他 sRNA 非依赖性机制在类病毒疾病中的参与。

3.6　参考文献

[1]Diener T O.Potato spindle tuber "virus": IV.A replicating, low molecular weight RNA[J].virology, 1971, 45（2）: 411-428.

[2]Flores R, Serio F D, Navarro B, et al.Viroids and Viroid Diseases of

Plants[M].New York: John Wiley & Sons, Inc., 2011.

[3]G ó mez G, Mart í nez G, Pall á s V.Interplay between viroid-induced pathogenesis and RNA silencing pathways[J].Trends in Plant Science, 2009, 14(5): 264-269.

[4]Singh R P.Experimental host range of the potato spindle tuber 'virus' [J]. American Journal of Potato Research, 1973, 50 (4): 111-123.

[5]Martin W H. "Spindle tuber", a new potato trouble[J].New Jersey State Potato Association, 1922, 3: 7-8.

[6]Schultz E S, Folsom D.Transmission, variation, and control of certain degeneration diseases of Irish potatoes[J].Journal of Agricultural Research, 1923, 25: 43-118.

[7]Harris P M.The potato crop: the scientific basis for improvement[M].London: Chapman & Hal, 1992.

[8]Michael W, Reiner L S, Sabine T, et al.A Single Nucleotide Substitution Converts Potato Spindle Tuber Viroid (PSTVd) from a Noninfectious to an Infectious RNA for Nicotiana tabacum[J].Virology, 1996, 226 (2): 191-197.

[9]Gruner R, Fels A, Qu F, et al.Interdependence of pathogenicity and replicability with potato spindle tuber viroid[J].Virology, 1995, 209 (1): 60-69.

[10]Dingley A J, Steger G, Esters B, et al.Structural Characterization of the 69 Nucleotide Potato Spindle Tuber Viroid Left-terminal Domain by NMR and Thermodynamic Analysis[J].Journal of Molecular Biology, 2003, 334 (4): 751-767.

[11]Keese P, Symons R H, Keese P, et al.Domains in viroids: Evidence of intermolecular RNA rearrangements and their contribution to viroid evolution[J]. Proc.Natl Acad.Sci.USA, 1985, 82: 4582-4586.

[12]Rocheleau L, Pelchat M.The Subviral RNA Database: a toolbox for viroids, the hepatitis delta virus and satellite RNAs research[J].BMC Microbiology, 2006, 6 (1): 24-24.

[13]Hammond R W.Agrobacterium-mediated inoculation of PSTVd cDNAs onto tomato reveals the biological effect of apparently lethal mutations[J].Virology, 1994, 201 (1): 36-45.

[14]Delgado S, Martinez d A A E, Hernandez C, et al.A short dou-

ble-stranded RNA motif of Peach latent mosaic viroid contains the initiation and the self-cleavage sites of both polarity strands[J].Journal of Virology，2005，79(20)：12934-12943.

[15]Verhoeven J T J，Jansen C C C，Botermans M，et al.Epidemiological evidence that vegetatively propagated，solanaceous plant species act as sources of Potato spindle tuber viroid inoculum for tomato[J].Plant Pathology，2010，59（1）：3-12.

[16]Diermann N，Matooke J，Junge M，et al.Characterization of plant miRNAs and small RNAs derived from potato spindle tuber viroid（PSTVd）in infected tomato[J].Biological Chemistry，2010，391（12）：1379-1390.

[17]Branch A D，Benenfeld B J，Robertson H D.Evidence for a single rolling circle in the replication of potato spindle tuber viroid[J].Proc Natl Acad Sci U S A，1988，85（23）：9128-9132.

[18]Nohales M A，Flores R，Daros J A.Viroid RNA redirects host DNA ligase 1 to act as an RNA ligase[J].Proceedings of the National Academy of Sciences of the United States of America，2012，109（34）：13805-13810.

[19]Kolonko N，Bannach O，Aschermann K，et al.Transcription of potato spindle tuber viroid by RNA polymerase II starts in the left terminal loop[J].Virology，2006，347（2）：392-404.

[20]Owens R A.Molecular understanding of viroid replication cycles and identification of targets for disease management[A].Punja Z K，Boer S，H de，et al.Biotechnology and plant disease management[C].New York：Hardback Publishers，2007：125.

[21]Mar í a-Eugenia，Gas，Carmen，et al.Processing of nuclear viroids in vivo：an interplay between RNA conformations[J].Plos Pathogens，2007，3（11）：1813-1826.

[22]Baumstark T.Viroid processing：switch from cleavage to ligation is driven by a change from a tetraloop to a loop E conformation[J].Embo Journal，2014，16（3）：599-610.

[23]Zhong X，Archual A J，Ding A B.A Genomic Map of Viroid RNA Motifs Critical for Replication and Systemic Trafficking[J].Plant Cell，2008，20（1）：35-47.

[24]Hammann C，Steger G.Viroid–specific small RNA in plant disease[J].Rna Biology，2012，9（6）：809–819.

[25]M Schnölzer，Haas B，Ramm K，et al.Correlation between structure and pathogenicity of potato spindle tuber viroid(PSTV)[J].Embo Journal, 1985, 4(9): 2181–2190.

[26]Sano T，Candresse T，Hammond R W，et al.Identification of multiple structural domains regulating viroid pathogenicity[J].Proceedings of the National Academy of Sciences of the United States of America，1992，89（21）：10104–10108.

[27]Qi Y，Ding B.Inhibition of Cell Growth and Shoot Development by a Specific Nucleotide Sequence in a Noncoding Viroid RNA[J].THE Plant Cell Online，2003，15（6）：1360–1374.

[28]Verhoeven J T J，H ü ner L，Marn M V，et al.Mechanical transmission of Potato spindle tuber viroid between plants of Brugmansia suaveoles，Solanum jasminoides and potatoes and tomatoes[J].European Journal of Plant Pathology，2010，128（4）：417–421.

[29]Itaya A，Zhong X，Bundschuh R，et al.A Structured Viroid RNA Serves as a Substrate for Dicer–Like Cleavage To Produce Biologically Active Small RNAs but Is Resistant to RNA–Induced Silencing Complex–Mediated Degradation[J]. Journal of Virology，2007，81（6）：50.

[30]Matoušek J，Piernikarczyk R，D ě di P，et al.Characterization of Potato spindle tuber viroid（PSTVd）incidence and new variants from ornamentals[J].European Journal of Plant Pathology，2014，138（1）：93–101.

[31]Lebas B S M，Clover G R G，Ochoa–Corona F M，et al.Distribution of Potato spindle tuber viroid in New Zealand glasshouse crops of capsicum and tomato[J].Australasian Plant Pathology，2005，34（2）：129–133.

[32]Wang M B，Bian X Y，Wu L M，et al.On the role of RNA silencing in the pathogenicity and evolution of viroids and viral satellites[J].Proceedings of the National Academy of Sciences of the United States of America，2004，101（9）：3275–3280.

[33]Desislava I，Ivan M，Tihomir V，et al.Small RNA analysis of Potato Spindle Tuber Viroid infected Phelipanche ramosa[J].Plant Physiology and Bio–

chemistry, 2014, 74: 276–282.

[34]Tsushima D, Tsushima T, Sano T.Molecular dissection of a dahlia isolate of potato spindle tuber viroid inciting a mild symptoms in tomato[J].Virus Research, 2016, (214): 11–18.

[35]Minoia S, Carbonell A, Di Serio F, et al.Specific Argonautes Selectively Bind Small RNAs Derived from Potato Spindle Tuber Viroid and Attenuate Viroid Accumulation In Vivo[J].Journal of Virology, 2014, 88 (20): 11933–11945.

[36]Neil A S, Andrew L E, Ming B W.Viral Small Interfering RNAs Target Host Genes to Mediate Disease Symptoms in Plants[J].PLoS Pathogens, 2011, 7(5): 1002–1022.

[37]Ioannis P, Andrew H, Michela D, et al.Replicating potato spindle tuber viroid RNA is accompanied by short RNA fragments that are characteristic of post-transcriptional gene silencing[J].Nucleic Acids Research, 2001, 29 (11): 2395–2400.

[38]Owens R A, Tech K B, Shao J Y, et al.Global analysis of tomato gene expression during Potato spindle tuber viroid infection reveals a complex array of changes affecting hormone signaling[J].Mol Plant Microbe Interact, 2012, 25 (4): 582–598.

[39]Wang Y, Shibuya M, Taneda A, et al.Accumulation of Potato spindle tuber viroid-specific small RNAs is accompanied by specific changes in gene expression in two tomato cultivars[J].Virology, 2011, 413 (1): 72–83.

[40]Eamens A L, Smith N A, Dennis E S, et al.In Nicotiana species, an artificial microRNA corresponding to the virulence modulating region of Potato spindle tuber viroid directs RNA silencing of a soluble inorganic pyrophosphatase gene and the development of abnormal phenotypes[J].Virology, 2014, 450: 266–277.

[41]Adkarpurushothama C R, Brosseau C, Sano T, et al.Small RNA Derived from the Virulence Modulating Region of the Potato spindle tuber viroid Silences callose synthase Genes of Tomato Plants[J].Plant Cell, 2015, 27: 2178.

[42]Spooner D M, Bamberg J B.Potato genetic resources: Sources of resistance and systematics[J].American Potato Journal, 1994, 71 (5): 325–337.

[43]Smith N A, Agius C, Eamens A L, et al.Efficient Silencing of Endogenous MicroRNAs Using Artificial MicroRNAs in Arabidopsis thaliana[J].Mol

Plant，2011（001）：157–170.

[44]Singh R P.Cross–protection with strains of potato spindle tuber viroid in the potato plant and other solanaceous host[J].Phytopathology，1990，80（3）：246–250.

[45]Hadidi A，Vidalakis G，Sano T.Economic Significance of Fruit Tree and Grapevine Viroids[J].Viroids and Satellites，2017，978：15–25.

[46]Pfannenstiel M A.Response of potato cultivars to infection by the potato spindle tuber viroid[J].Phytopathology，1980，70（9）：922–926.

[47]Theodor O D.Origin and evolution of viroids and viroid–like satellite RNAs[J].Virus Genes，1995，11（4）：119–131.

[48]CABI/EPPO.Potato spindle tuber viroid（spindle tuber of potato）[J/OL].CABI International，Wallingford，UK，2014.

[49]Manzer F E，Merriam D.Field transmission of the potato spindle tuber virus and virus X by cultivating and hilling equipment[J].American Potato Journal，1961，38（10）：346–352.

[50]Jianming B.Elimination of Potato Virus X and Potato Spindle Tuber Viroid by Cryopreservation[J].Molecular Plant Breeding，2010，3（5）：34–40.

[51]Singh R P.Seed transmission of potato spindle tuber virus in tomato and potato[J].1970，47（6）：225–227.

[52]Bonde R，Merriam D.Studies on the dissemination of the potato spindle tuber virus by mechanical inoculation[J].American Journal of Potato Research，1951，28（3）：558–560.

[53]Merriam D，Bonde R.Dissemination of spindle tuber by contaminated tractor wheels and by foliage contact with diseased plants[J].Phytopathology，1954（11）：44.

[54]De Bokx J A.Characterization and identification of potato viruses and viroids：Biological properties[J].Biochemical and Biophysical Research Communications，1972，17（3）：58–82.

[55]Hunter D E，Darling H M，Beale W L.Seed transmission of Potato Spindle Tuber Virus[J].American Journal of Potato Research，1969，46（7）：247–250.

[56]Werner J.The transmission of potato spindle tuber viroid by insects–in the

light of literature[J].Biuletyn Instytutu Ziemniaka，1983，29：57–62.

[57]Lazarte V，Bartolini I，Salazar L F，et al.Evidence for heterologous encapsidation of potato spindle tuber viroid in particles of potato leafroll virus[J].Journal of General Virology，1997，78（6）：1207–1211.

[58]Syller J，Marczewski W，Paw O J.Transmission by aphids of potato spindle tuber viroid encapsidated by potato leafroll luteovirus particles[J].European Journal of Plant Pathology，1997，103（3）：285–289.

[59]Fuglie K O.Assessing international agricultural research priorities for poverty alleviation in developing countries[J].Virology，2007，302：445–456.

[60]Gramick M E，Slack S A.Effect of potato spindle tuber viroid on sexual reproduction and viroid transmission in true potato seed[J].Canadian Journal of Botany，1986，64（2）：336–340.

[61]Peter R.Gildemacher，Elmar Schulte–Geldermann，Dinah Borus，et al. Seed potato quality improvement through positive selection by smallholder farmers in Kenya[J].Potato Research，2011，54：253–266.

[62]Sandra K，Lynn B，Michael N，et al.Solanaceae €" A Model for Linking Genomics With Biodiversity[J].Comparative and Functional Genomics，2004，5：285–291.

[63]Dermastia M，Ravnikar M，Kova M.Morphology of potato（Solanum tuberosum L.cv.Sante）stem node cultures in relation to the level of endogenous cytokinins[J].Journal of Plant Growth Regulation，1996，15（3）：105–108.

[64].Cutter E G.Structure and development of the potato plant[M].New York：Springer US，1992.

[65]Dermastia M，Ravnikar M，Kova M.Morphology of potato（Solanum tuberosum L.cv.Sante）stem node cultures in relation to the level of endogenous cytokinins[J].Journal of Plant Growth Regulation，1996，15（3）：105–108.

[66]Mishra S，Rai T.Morphology and functional properties of corn，potato and tapioca starches[J].Food Hydrocolloids，2006，20（5）：557–566.

[67]Winch T.Growing Food[M].Dordrecht：Dordrecht Springer，2006.

[68]Huaman Z，Williams J T，Salhuana W，et al.Descriptors for the cultivated potato[J].International Board For Plant Genetic Resources，1977，77（32）：1–50.

[69]Jackson S D，Prat S，Thomas B.Regulation of tuber induction in potato

by daylength and phytochrome[J].Acta Horticulturae，1997，435（435）：159–170.

[70]Gregory L E.Some Factors for Tuberization in the Potato Plant[J].American Journal of Botany，1956，43（4）：281–288.

[71]Jackson S D，James P，Salom é Prat te al.Phytochrome B affects the levels of a graft–transmissible signal involved in tuberization[J].Plant Physiology，1998，117（1）：29–32.

[72]Trindade LM，Horvath B M，Van Berloo R，et al.Analysis of genes differentially expressed during potato tuber life cycle and isolation of their promoter regions[J].Plant Science：An International Journal of Experimental Plant Biology，2004，166（2）：423–433.

[73]Allen E J，Scott R K.An analysis of growth of the potato crop[J].Journal of Agricultural Science，1980，94（3）：583–606.

[74]Huaman Z，Williams J T，Salhuana W，et al.Descriptors for the cultivated potato[J].International Board For Plant Genetic Resources，1977，77（32）：1–50.

[75]Bachem C，Van der Hoeven R，Lucker J，et al.Functional genomic analysis of potato tuber life–cycle[J].Potato Research，2000，43（4）：297–312.

[76]Celis–Gamboa B C.The Life Cycle of the Potato，（*Solanum tuberosum* L.）：From Crop Physiology to Genetics[J].Gamboa，2002（1）：162–173.

[77]Ewing E E，Struik P C.Tuber Formation in Potato：Induction，Initiation，and Growth[J].Horticult Rev，2010，14（1992）：89–198.

[78]Lehesranta S J，Davies H V，Shepherd L V T，et al.Proteomic analysis of the potato tuber life cycle[J].Proteomics，2006，6（22）：6042–6052.

[79]Wang F X，Kang Y，Liu S P，et al.Effects of soil matric potential on potato growth under drip irrigation in the North China Plain[J].Agricultural Water Management，2007，88（1–3）：1–42.

[80]Kerstholt R，Ree C M，Moll H C.Environmental life cycle analysis of potato sprout inhibitors[J].1997，6（3–4）：187–194.

[81]Fischer L，Lipavska H，Hausman J F，et al.Morphological and molecular characterization of a spontaneously tuberizing potato mutant：an insight into the regulatory mechanisms of tuber induction[J].Bmc Plant Biology，2008，8（1）：117.

[82]Cutter E G.Structure and development of the potato plant[M].London: Chapman & Hall, 1992.

[83]Shepherd L V T, Alexander C A, Sungurtas J A, et al.Metabolomic analysis of the potato tuber life cycle[J].Metabolomics, 2014, 10（5）: 1042.

[84]Ohashi K Y.PCF1 and PCF2 specifically bind to cis elements in the rice proliferating cell nuclear antigen gene[J].The Plant cell, 1997, 9（9）: 1607–1619.

[85]Doebley J, Stec A, Hubbard L.The evolution of apical dominance in maize[J].Nature, 1997, 386: 485–488.

[86]Luo D, Carpenter R, Vincent C, et al.Origin of floral asymmetry in Antirrhinum[J].Nature, 1996, 383（6603）: 794–799.

[87]Nicolas M, Cubas P.TCP factors: new kids on the signaling block[J]. Current Opinion in Plant Biology, 2016, 33: 33–41.

[88]Mart í n–Trillo M, Cubas P.TCP genes: a family snapshot ten years later[J].Trends in Plant Science, 2010, 15（1）: 31–39.

[89]Palatnik J F, Allen E, Wu X L, et al.Control of leaf morphogenesis by microRNAs[J].Nature, 2003, 425: 257–263.

[90]Koyama T, Mitsuda N, Seki M, et al.TCP Transcription Factors Regulate the Activities of ASYMMETRIC LEAVES1 and miR164, as Well as the Auxin Response, during Differentiation of Leaves in Arabidopsis[J].Plant Cell, 2010, 22（11）: 3574–3588.

[91]Crawford B C, Nath U, Carpenter R, et al.CINCINNATA Controls Both Cell Differentiation and Growth in Petal Lobes and Leaves of Antirrhinum[J]. Plant Physiology, 2004, 135（1）: 244–253.

[92]Selahattin D.TCP Transcription Factors at the Interface between Environmental Challenges and the Plant’ s Growth Responses[J].Frontiers in Plant Science, 2016, 7（406）: 1930.

[93]Takeda T, Amano K, Ohto M A, et al.RNA Interference of the Arabidopsis Putative Transcription Factor TCP16 Gene Results in Abortion of Early Pollen Development[J].Plant Molecular Biology, 2006, 61（1–2）: 165–177.

[94]Jos é A A M, C é sar P C, Pilar C.Arabidopsis BRANCHED1 Acts as an Integrator of Branching Signals within Axillary Buds[J].Plant Cell, 2007, 19（2）:

458–472.

[95]Finlayson S A.Arabidopsis TEOSINTE BRANCHED1–LIKE 1 Regulates Axillary Bud Outgrowth and is Homologous to Monocot TEOSINTE BRANCHED1[J].Plant & Cell Physiology，2007（5）：667–677.

[96]Mart í n–Trillo M，Grand í o EG，Serra F，et al.Role of tomato BRANCHED1–like genes in the control of shoot branching[J].Plant Journal，2011，67（4）：701–714.

[97]Broholm S K，Tähtiharju S，Laitinen R A E，et al.A TCP domain transcription factor controls flower type specification along the radial axis of the Gerbera（Asteraceae）inflorescence[J].Proceedings of the National Academy of Sciences of the United States of America，2008，105（26）：9117–9122.

[98]Nag A，King S，Jack T，et al.miR319a targeting of TCP4 is critical for petal growth and development in Arabidopsis[J].Proceedings of the National Academy of Sciences of the United States of America，2009，106（52）：22534–22539.

[99]Tatematsu K，Nakabayashi K，Kamiya Y，et al.Transcription factor AtTCP14 regulates embryonic growth potential during seed germination in Arabidopsis thaliana[J].The Plant Journal，2008，53（1）：42–52.

[100]Resentini F，Felipo–Benavent A，Colombo L，et al.TCP14 and TCP15 Mediate the Promotion of Seed Germination by Gibberellins in Arabidopsis thaliana[J].Molecular Plant，2014，8（3）：482–485.

[101]Carla S，Javier F P，Pooja A，et al.Control of jasmonate biosynthesis and senescence by miR319 targets[J].PLoS Biology，2008，6（9）：230.

[102]Danisman S，Wal F V D，Dhondt S，et al.Arabidopsis Class I and Class II TCP Transcription Factors Regulate Jasmonic Acid Metabolism and Leaf Development Antagonistically[J].Plant physiology，2012，159（4）：1511–1523.

[103]Steiner E，Efroni I，Gopalraj M，et al.The Arabidopsis O–Linked N–Acetylglucosamine Transferase SPINDLY Interacts with Class I TCPs to Facilitate Cytokinin Responses in Leaves and Flowers[J].Plant Cell，2012，24（1）：96：96–108.

[104]Eduardo G G，Pajoro A，Jos é M.Franco–Zorrilla，et al.Abscisic acid signaling is controlled by a BRANCHED1/HD–ZIP I cascade in Arabidopsis axillary buds[J].Proceedings of the National Academy of Sciences of the United States of

America，2016，114（2）：245–254.

[105]Daviere J M，Wild M，Regnaul T，et al.Class I TCP–DELLA Interactions in Inflorescence Shoot Apex Determine Plant Height[J].Curr Biol，2014，24（16）：1923–1928.

[106]Heim M A，Marc J，Martin W，et al.The Basic Helix–Loop–Helix Transcription Factor Family in Plants：A Genome–Wide Study of Protein Structure and Functional Diversity[J].Molecular Biology & Evolution，2003（5）：735–747.

[107]Cubas P，Lauter N，Doebley J，et al.The TCP domain：a motif found in proteins regulating plant growth and development[J].The Plant journal：for cell and molecular biology，1999，18（2）：215–222.

[108]Aggarwal P，Das G M，Joseph A P，et al.Identification of specific DNA binding residues in the TCP family of transcription factors in Arabidopsis[J].The Plant cell，2010，22（4）：1174–1189.

[109]Cubas P，Lauter N，Doebley J，et al.The TCP domain：a motif found in proteins regulating plant growth and development[J].The Plant journal：for cell and molecular biology，1999，18（2）：215–222.

[110]Howarth D，Donoghue M.Phylogenetic analysis of the “ECE”（CYC/TB1）clade reveals duplications predating the core eudicots[J].Proceedings of the National Academy of Sciences of the United States of America，2006，103（24）：9101–9106.

[111]Kosugi S，Ohashi Y.DNA binding and dimerization specificity and potential targets for the TCP protein family[J].The Plant Journal，2002，30：1533–1544.

[112]Schommer C，Debernardi J M，Bresso E G，et al.Repression of Cell Proliferation by miR319–Regulated TCP4[J].Molecular Plant，2014，7（10）：1533–1544.

[113]Schommer C，Bresso E G，Spinelli S V，et al.Role of MicroRNA miR319 in Plant Development and Stress Responses[J].The Plant Journal，2012，6：29–47.

[114]Viola I L，Manassero N G U，Ripoll R，et al.The Arabidopsis class I TCP transcription factor AtTCP11 is a developmental regulator with distinct DNA–binding properties due to the presence of a threonine residue at position 15 of

the TCP domain[J].Biochemical Journal, 2011, 435 (1): 143-155.

[115]Navaud O, Dabos P, Carnus E, et al.TCP transcription factors predate the emergence of land plants[J].Journal of molecular evolution, 2007, 65 (1): 23-33.

[116]Tr é mousaygue D, Garnier L, Bardet C, et al.Internal telomeric repeats and 'TCP domain' protein-binding sites co-operate to regulate gene expression in Arabidopsis thaliana cycling cells[J].Plant Journal for Cell & Molecular Biology, 2010, 33 (6): 957-966.

[117]Herve C, Dabos P, Bardet C, et al.In Vivo Interference with AtTCP20 Function Induces Severe Plant Growth Alterations and Deregulates the Expression of Many Genes Important for Development[J].PLANT PHYSIOL, 2009, 149 (3): 1462-1477.

[118]Kieffer M, Master V, Waites R, et al.TCP14 and TCP15 affect inter-node length and leaf shape in Arabidopsis[J].Plant Journal for Cell & Molecular Biol-ogy, 2011, 68 (1): 147-158.

[119]Li C, Potuschak T, Col ó n-Carmona A, et al.Arabidopsis TCP20 links regulation of growth and cell division control pathways[J].Proceedings of the National Academy of Sciences, 2005, 102 (36): 12978-12983.

[120]Ori N, Cohen A R, Etzioni A, et al.Regulation of LANCEOLATE by miR319 is required for compound-leaf development in tomato[J].Nature genetics, 2007, 39 (6): 787-791.

[121]Hubbard L, McSteen P, Doebley J, et al.Expression patterns and mu-tant phenotype of teosinte branched1 correlate with growth suppression in maize and teosinte[J].Genetics, 2002, 162 (4): 1927-1935.

[122]Faivre-Rampant O, Bryan G J, Roberts A G, et al.Regulated ex-pression of a novel TCP domain transcription factor indicates an involvement in the control of meristem activation processes in Solanum tuberosum[J].Journal of experi-mental botany, 2004, 55 (398): 951-953.

[123]Pasare S A, Ducreux L J M, Morris W L, et al.The role of the potato (Solanum tuberosum) CCD8 gene in stolon and tuber development[J].The New phytologist, 2013, 198 (4): 1108-1120.

[124]Michael N, Mar í a L R B, Jos é M F Z, et al.A Recently Evolved

Alternative Splice Site in the BRANCHED1a Gene Controls Potato Plant Architecture[J].Current Biology，2015，25（14）：1799–1809.

[125]Davi è re J M，Achard P.Gibberellin signaling in plants[J].Development（Cambridge，England），2013，140（6）：1147–1151.

[126]Yanai O，Shani E，Russ D，et al.Gibberellin partly mediates LANCEOLATE activity in tomato[J].The Plant journal：for cell and molecular biology，2011，68（4）：571–582.

[127]de Lucas M，Davi è re J M，Rodr í guez–Falc ó n M，et al.A molecular framework for light and gibberellin control of cell elongation[J].Nature，2008，451（7177）：480–484.

[128]Davi è re J M，Patrick A.A Pivotal Role of DELLAs in Regulating Multiple Hormone Signals[J].Molecular Plant，2016，9（1）：10–20.

[129]Sakamoto T，Kamiya N，Ueguchi–Tanaka M，et al.KNOX homeodomain protein directly suppresses the expression of a gibberellin biosynthetic gene in the tobacco shoot apical meristem[J].Genes & development，2001，15（5）：581–590.

[130]Jian H，Ding T，Yi S，et al.Activation of gibberellin 2–oxidase 6 decreases active gibberellin levels and creates a dominant semi–dwarf phenotype in rice（*Oryza sativa* L.）[J].Journal of Genetics and Genomics，2010，37（1）：23–36.

[131]Ligang C，Shengyuan X，Yanli C，et al.Arabidopsis WRKY45 Interacts with the DELLA Protein RGL1 to Positively Regulate Age–Triggered Leaf Senescence[J].Molecular Plant，2017，10（9）：1174–1189.

[132]Park J，Nguyen K T，Park E，et al.DELLA proteins and their interacting RING Finger proteins repress gibberellin responses by binding to the promoters of a subset of gibberellin–responsive genes in Arabidopsis[J].The Plant cell，2013，25（3）：927–943.

[133]Sarvepalli K，Nath U.Interaction of TCP4–mediated growth module with phytohormones[J].Plant signaling & behavior，2011，6（10）：1440–1443.

[134]Sarvepalli K，Nath U.Hyper–activation of the TCP4transcription factor in Arabidopsis thaliana accelerates multiple aspects of plant maturation[J].Plant，2011，67（4）：595–607.

[135]Simmonds N W.Experiments on the germination of potato seeds[J].European Potato, 1963, 6: 45-60.

[136]Spicer P B, Dionne-Nature L A S.Use of gibberellin to hasten germination of Solarium seed[J].Nature, 1961, 189 (4761) : 327-328.

[137]Stallknech P J G.The use of ibberellic acid to increase flowering in potato breeding clones[J].Am Potato, 1974, 51: 300.

[138]Ross R W, Smejkal J E, Hanneman R E.Gibberellin-induced floweringon two hard-to-flower-tuber-bearingSolanum species[J].Am Potato, 1979, 57: 490-491.

[139]Hammes P S.Control mechanisms in the tuberization processPotato Research[J].1975, 18: 262-272.

[140]Warren K C.Dormancy release In potato tubers[J].A review.Am Potato, 1987, 64: 57-68.

[141]Orrin E S.Endogenous gibberellins in resting andsprouting potato tubers[J].Adv Chem Set, 1961, 28: 42-48.

[142]Bamberg J B, Hanneman R E.Characterization of a new gibberellin relatecdwarfing locus in potato (Solanum Tuberosum L.) [J].Am Potato, 1991, 68: 45-52.

[143]Van den Berg J H, Simko I, Davies P J, et al.Morphology and (14C) gibberellin A12 aldehyde metabolism in wild type and dwarf Solanum Tuberosum spp.andigena grown under long and short photoperiods[J].Plant Physiol, 1995, 146: 467-473.

[144]ValkonenJ P T, Moritz T, Watanabe K N, et al.Dwarf (di) haploid pito mutants obtained from tetraploid potato cultivar (Solanum Tuberosum ssp.Tuberosum) viaanther culture are defective in gibbereUin biosynthesis[J].Plant Sci, 1999, 149: 51-57.

[145]Kimura T, Hosaka K.Genetic mapping of a dwarfing gene found inSolanum phureja clone 1.22[J].Am.Pot Res, 2002, 22 (79) : 201-204.

[146]Vreugdenhil D,Sergeeva L I.Gibberellins and tuberization in potato[J].Potato Research, 1999, 42: 471-481.

[147]Amador V, Bou J, Mart í nez-Garc í a J, et al.Esther russo and Salom prat, Regulation of potato tuberization by daylength and gibberellins[J].Int.Dev.

Biol, 2001, 45: 37–38.

[148]Hartmann A, Senning M, Hedden P, et al.Reactivation of Meristem Activity and Sprout Growth in Potato Tubers Require Both Cytokinin and Gibber–ellin[J].Plant Physiology, 2011, 155: 776–796.

[149]Kloosterman B.StGA2ox1 is induced prior to stolon swelling and controls GA levels during potato tuber development[J].Plant, 2007, 52（2）: 362–373.

[150]Carrera E, Bou J, Garcia–Martinez J L.Changes in GA 20–oxidase gene expression strongly affect stem length, tuber induction and tuber yield of potato plants[J].Plant, 2000, 22: 247–256.

[151]Xu X, Evert V, Dick V, et al.The Role of Gibberellin, Abscisic Acid, and Sucrose in the Regulation of Potato Tuber Formation in Vitro[J].Plant Physiol–ogy, 1998, 117（2）: 575–584.

[152]Suttle J C.Involvement of endogenous gibberellins in potato tuber dor–mancy and early sprout growth: a critical assessment[J].Plant Physiol, 2004, 161（2）: 157–164.

[153]Bamberg J, Miller J C.Comparisons of ga1 with Other Reputed Gibber–ellin Mutants in Potato[J].American Journal of Potato Research, 2012, 89（2）: 142–149.

[154]Brian P W, Hemming H G, Radley M.A physiological comparison of gibberellic acid with some auxins[J].Physiol Plant, 1955, 8: 899–912.

[155]Sonnewald S, Sonnewald U.Regulation of potato tuber sprouting[J]. Planta, 2014, 239（1）: 27–38.

[156]Alexopoulos A A.Effect of gibberellic acid on the duration of dormancy of potato tubers produced by plants derived from true potato seed[J].Postharvest Biolo–gy and Technology, 2008, 49（3）: 424–430.

[157]Lossow C, Jank P, Raba M, et al.Nucleotide sequence and secondary structure of potato spindle tuber viroid[J].Nature, 1978, 273: 203–208.

[158]Wang Y, Ding B.Viroids: small probes for exploring the vast universe of RNA trafficking in plants[J].Intergr, Plant Biol, 2010, 52: 17–27.

[159]Diener T O.Origin and Evolution of Viroids and Viroid–like Satellite RNAs[J].Virus Genes, 1996, 11（2/3）: 119–131.

[160]Minoia S.Viroid RNA turnover: characterization of the subgenomic

RNAs of potato spindle tuber viroid accumulating in infected tissues provides insights into decay pathways operating in vivo[J].Nucleic Acids Res，2015，43（4）：2313–2325.

[161]Steger G，Perreault J P.Chapter Four – Structure and Associated Biological Functions of Viroids[J].In The Viroids，1987，141–172.

[162]Katsarou K.Insight on Genes Affecting Tuber Development in Potato upon Potato spindle tuber viroid（PSTVd）Infection[J].PLoS One，2016，11（3）：150711.

[163]Matsushita Y，Tsuda S.Seed transmission of potato spindle tuber viroid，tomato chlorotic dwarf viroid，tomato apical stunt viroid，and Columnea latent viroid in horticultural plants[J].European Journal of Plant Pathology，2016，145（4）：1007–1011.

[164]Hammond R W.Analysis of the virulence modulating region of Potato spindle tuber viroid（PSTVd）by site–directed mutagenesis[J].Virology，1992，187：654–662.

[165]Avina–Padilla K.In silico prediction and validation of potential gene targets for pospiviroid–derived small RNAs during tomato infection[J].Gene，2015，564（J）：197–205.

[166]Adkar–Purushothama C R，Iyer P S，Perreault J P.Potato spindle tuber viroid infection triggers degradation of chloride channel protein CLC–b–like and Ribosomal protein S3a–like mRNAs in tomato plants[J].Sci Rep，2017，7（1）：8341.

[167]Adkar–Purushothama C R.RNAi mediated inhibition of viroid infection in transgenic plants expressing viroid–specific small RNAs derived from various functional domains[J].Sci Rep，2015，5：17949.

[168]Adkar–Purushothama C R，Bru P，Perreault J P.3’ RNA ligase mediated rapid amplification of cDNA ends for validating viroid induced cleavage at the 3’ extremity of the host Mrna[J].Virol Methods，2017，250：29–33.

[169]Koyama T.TCP transcription factors control the morphology of shoot lateral organs via negative regulation of the expression of boundary–specific genes in Arabidopsis[J].Plant Cell，2007，19（2）：473–484.

[170]Ma J.Genome–wide identification and expression analysis of TCP tran–

scription factors in Gossypium raimondii[J].Sci Rep，2014，4：6645.

[171]Braun N.The pea TCP transcription factor PsBRC1 acts downstream of Strigolactones to control shoot branching[J].Plant Physiol，2012，158（2）：225–238.

[172]Balsemao–Pires E，Andrade L R，Sachetto–Martins G.Functional study of TCP23 in Arabidopsis thaliana during plant development[J].Plant Physiol Bio–chem，2013，67：120–125.

[173]Marin–de la Rosa N.Large–scale identification of gibberellin–relat–ed transcription factors defines group Ⅶ ETHYLENE RESPONSE FACTORS as functional DELLA partners[J].Plant Physiol，2014，166（2）：1022–1032.

[174]Danisman S，Dhondt S，Waites R，et al.Arabidopsis class I and class Ⅱ TCP transcription factors regulate jasmonic acid metabolism and leaf development antagonistically[J].Plant Physiol，2012，159：1511–1523.

[175]Bou–Torrent J，Mart í nez–Garc í a J F，Garc í a–Mart í nez J L，et al.Gibberellin A1 metabolism contributes to the control of photoperiod–mediated tuberization in potato[J].PLoS One，2011，6（9）：24458.

[176]Roumeliotis E，Kloosterman B，Oortwijn M，et al.The PIN family of proteins in potato and their putative role in tuberization[J].Frontiers in plant sci–ence，2013，4：524.

[177]Serio F D.Identification and characterization of potato spindle tuber viroid infecting Solanum jasminoides and Srantonnetii in Italy[J].Plant Pathol，2007，89：297–300.

[178]Fukazawa J.DELLA–GAF1 Complex is a Main Component in Gibberel–lin Feedback Regulation of GA20ox2 in Arabidopsis[J].Plant Physiol，2017，175：1395–1406.

[179]Ma X.Genome–wide Identification of TCP Family Transcription Fac–tors from Populus euphratica and Their Involvement in Leaf Shape Regulation[J].Sci Rep，2016，6：32795.

[180]Fukazawa J，Mori M，Watanabe S，et al.DELLA–GAF1 Complex is a Main Component in Gibberellin Feedback Regulation of GA20ox2 in Arabidop–sis[J].Plant physiology，2017，175：1395–1406.

第 4 章　马铃薯品种对卷叶病毒的抗性机制研究

4.1　马铃薯生产概况

4.1.1　马铃薯研究背景

马铃薯（*Solanum tuberosum* L）属于茄科植物，原产自南美洲，约于 17 世纪初（明末）由欧美传教士带进我国，所以我国有的地方称马铃薯为洋芋、荷兰薯等[1]。目前已发现 200 多个马铃薯种，但只有 8 个种被用于栽培生产，普通栽培的马铃薯为四倍体 $2n=4x=48$[1-2]。马铃薯用途广、单位面积产量高，块茎含有多种营养成分，品种类型多，既适合多种生态地区种植，又是抗旱、救灾作物，所以成为世界上仅次于水稻、小麦、的第三大粮食作物[2-3]。截至 2018 年，我国马铃薯产量已达 1 798.4 万 t（见表 4-1）（FAO Crops Statistics Database：http：//faostat.fao.org/，2020 年）。

表 4-1　2013-2018 年我国马铃薯产量（万 t）

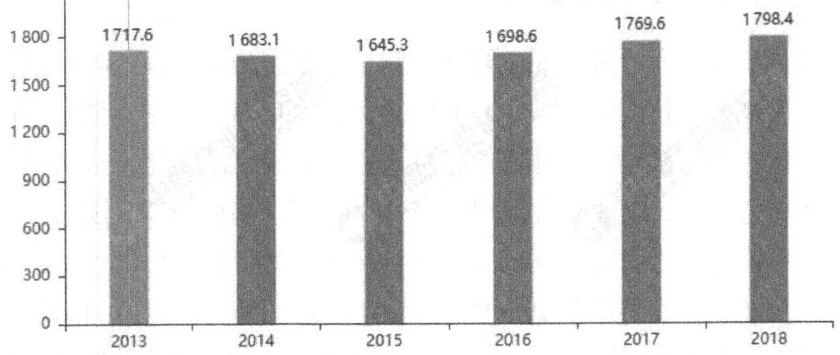

注：图片来源：中商产业研究院

4.1.2 马铃薯卷叶病的发生

能够感染马铃薯的病毒有 25 种[4]，其中危害最严重的属马铃薯卷叶病和马铃薯花叶病。马铃薯卷叶病是由马铃薯卷叶病毒（PLRV）的侵染引起的[5–6]，是导致马铃薯严重减产的世界性病毒病害，在全世界的马铃薯种植区广泛发生。据报道，在我国北方地区造成马铃薯产量损失一般为 20% ~ 50%，严重可达70% ~ 80%[7]。蚜虫是马铃薯卷叶病毒在自然条件下的唯一的传播介体[8]。PLRV 在马铃薯植株体内的分布主要局限在韧皮部内[9]。

4.2 马铃薯卷叶病的生物学特性

4.2.1 马铃薯卷叶病毒的分子学特性

马铃薯卷叶病毒引起马铃薯卷叶病。该病毒属于黄化病毒属，病毒粒体呈球状，直径约为 24 nm, 为正链 RNA 病毒，其基因组全长 5.9 kb，编码 6 个开放阅读框，3' 端无 poly A 结构，只有一个 7 kDa 的基因组结合蛋白[10–12]。基因组有三个非编码区 untranslated regions（UTR）：5' 端 UTR 69 ~ 70 bp，其中 5 ~ 20 bp 严格保守，可能与病毒转译有关[13、14]；3' 末端 UTR141 bp；在开放读码框 2b （open reading frame 2b , *ORF2b*）和开放读码框 3（open reading frame 3 ，*ORF3*）之间存在 197 bp 基因间隔区，将整个基因组分为两个编码区[15]。其中复制酶基因由第三个阅读框架 *ORF2b* 编码。全长 1.8 kb，编码一个 69 kDa 的多肽[16]。

4.2.2 马铃薯卷叶病的症状

马铃薯卷叶病在马铃薯上的主要症状为：初期侵染植株顶部叶片直立、变黄，小叶延中脉向上卷叶（见图 4–1（A））；小叶基部常常有紫红色边缘续发感染的植株。二次侵染植株底部叶片卷曲、变硬，革质化，边缘坏死，同时叶背部变为紫色，上部叶片呈现褪绿、卷叶[17]。病株外观表现为竖立、僵直、矮小、黄化。感病块茎维管束有网状坏死。如目前适用于炸条的品种布尔班克和夏波蒂等，若感染 PLRV，其块茎纵切面可见到明显的网状坏死斑点，由半透明浅色到深色斑点（见图 4–1（B））。初侵染或继发侵染植株都可以产生感病块茎，萌芽后有时会出现纤细芽[18]。

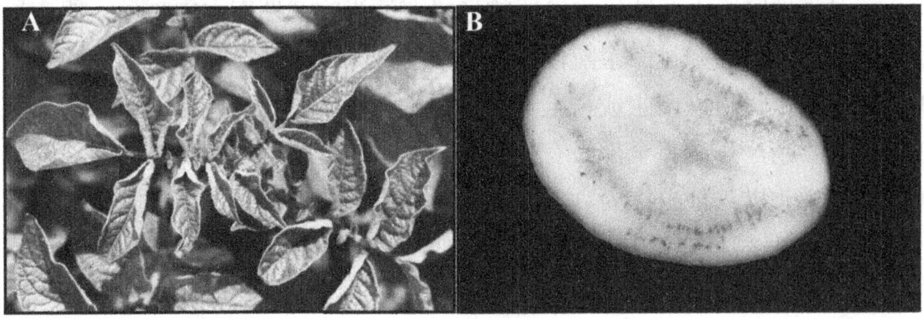

图 4-1　马铃薯卷叶病症状

注：A 为侵染马铃薯卷叶病后植株叶子上的症状（图片来自 Valmir Duarte）；B 为侵染马铃薯卷叶病后植株块茎上的症状（图片来自 http://www.bitkisagligi.net/Patates_PotatoLeafrollVirus.htm）。

4.2.3　马铃薯卷叶病的传播

PLRV 不能由汁液传播，自然情况下只能由蚜虫（同翅目）传播，传播的蚜虫有 10 余种，最重要的是桃蚜（myzus persicae）[19]。它的两种形式：无翅蚜和有翅蚜均可传播病毒（见图 4-2）。桃蚜一经饲毒，将终生带毒，PLRV 为持久性病毒。蚜虫需经较长时间获毒，病毒经过蚜虫喙针进入肠道，再由淋巴运送至唾液腺，病毒在蚜虫体内繁殖[6, 20]。病毒侵染过程受寄主、病毒、介体等环境影响，甚至可以改变某一病毒的相对危害程度[21]。有些因素对寄主起作用，其他一些因素对病毒起作用，也有一些因素是对传播病毒的介体起作用。因为病毒病不像真菌或细菌性病害那样有着治疗的可能，对病毒病的防治主要取决于我们对不同的病毒和影响其传播的生态因子的认识[22]。

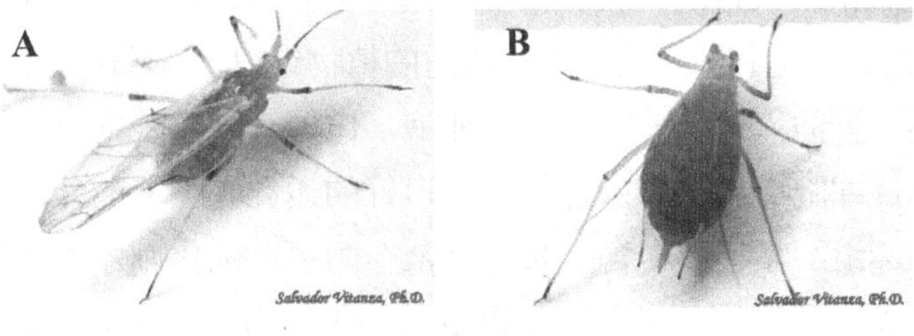

图 4-2　桃蚜的两种形式

注：A 为有翅桃蚜（wingged aphid）；B 为无翅桃蚜（wingless aphid）（图 A 来自 Salvador Vitanza，图 B 来自 Salvador Vitanza）。

4.2.4 桃蚜的生活习性

在温带地区，大多数蚜虫以卵的形式在适当的初期寄主中越冬，卵在早春开始孵化，幼虫经过四个阶段或四次蜕变成为成虫。孤雌、卵胎生繁殖。单性生殖的干母可以产生成百上千的幼蚜。当一个群体太稠密，第二次或第三次单性生殖产生的将全部是有翅雌蚜。春季，这些有翅的群体将飞离它们的初期寄主，以其他植株为食。在大多数热带条件下，蚜虫主要以成虫方式越冬（见图 4-3）[23]。

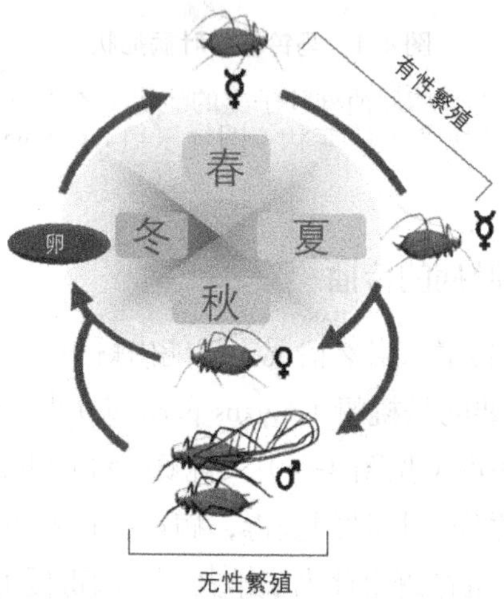

图 4-3 桃蚜的生活习性（http：//www.aphidbase.com）

4.2.5 桃蚜传播病毒的特性

蚜虫与病毒传播有关的结构部分是其消化系统。蚜虫的口器有利于在采食过程中刺探和深入到植物组织中。选择寄主受到一系列气候和植物因素的影响，蚜虫通过触觉和味觉反应识别合适的植物组织。一旦选择了植物组织，蚜虫就弯曲下唇插入口针，开始分泌唾液，口针管刺穿表皮组织并从细胞内和细胞外穿过细胞层。在刺入过程中，口针的运动和唾液的分泌交替进行，直至达到目标组织。唾液中含有酶和黏液，酶可以消化刺穿的中层组织，而胶状黏液形成口针鞘[24]。多数种类蚜虫以韧皮部为食，在韧皮部内，口针探刺筛管，但是只有下颚刺透细胞壁，摄食真正开始。当蚜虫撤回口针时，分泌的唾液封闭被损伤了的细胞，这样防止了组织压力降低。根据蚜虫传播病毒过程、口针的探刺过程和摄食组织位点的不同，将蚜虫传播病毒的过程分为持久性和非持久性等两种[25]。

1. 非持久性传播

病毒获取和接种阶段可以在几分钟或几秒钟之内完成，因此不存在能够察觉到的潜伏期。在饲毒前饥饿可以提高传播病毒的程度。蚜虫仅仅在获得病毒后的几分钟内保持带毒状态，随后经过蜕皮失去它们传播某种病毒的能力。在蜕皮过程中，蚜虫的口针、咽以及前肠和后肠的内膜都被重新更换了。马铃薯 PVA、PVY、PVX 等病毒均以此种方式传播[6, 26]。

2. 持久性传播

马铃薯卷叶病（PLRV）是唯一一种已知在马铃薯中以持久性方式传播的病毒，PLRV 的传播具有下列特征：在摄食过程中病毒被获取和接种，此过程在 15 min 内开始，而且能持续几个小时。经过蜕皮，病毒仍被保留在蚜虫体内，因此蚜虫解体的持续传染性能维持相当长的一段时间，这种病毒能在其解体的系统循环中循环并且能发生增殖。正因桃蚜的这些传播特征，给 PLRV 的发生带来了很多的便利，而给 PLRV 的防治带来了不少的困难[6, 27]。

4.3　马铃薯卷叶病的危害

马铃薯卷叶病毒是引起马铃薯退化的一种重要病毒，分布于世界各个马铃薯种植区。马铃薯受病毒侵染后发生退化，造成产量降低、品质下降，每年世界上由马铃薯病毒造成的减产至少为 20%[28]。马铃薯一旦感染病毒，病毒能扩展到除茎尖外的整个植株。由于马铃薯为无性繁殖作物，可通过块茎世代传递。在适宜的环境下，病毒在植株体内不断增加，扩大危害，使马铃薯植株矮化，叶片出现卷叶、皱缩等，叶绿素受到破坏、光合效率降低、块茎变小或畸形，产量大幅度下降［见图 4-4（A）］[29]。我国北部地区一季作地区，传毒介体较少，病毒传播和植株体内的增殖速度缓慢，一般每年平均减产 5% ~ 50%不等。但在温度较高的南方地区，春季马铃薯的生育期正是马铃薯病毒传播介体蚜虫的繁殖期与传播病毒的高峰，病毒在植株体内迅速增殖[6]。若种植 2 ~ 3 季，则种薯严重感毒退化减产，更会失去种用价值［见图 4-4（B）］[18、30]。

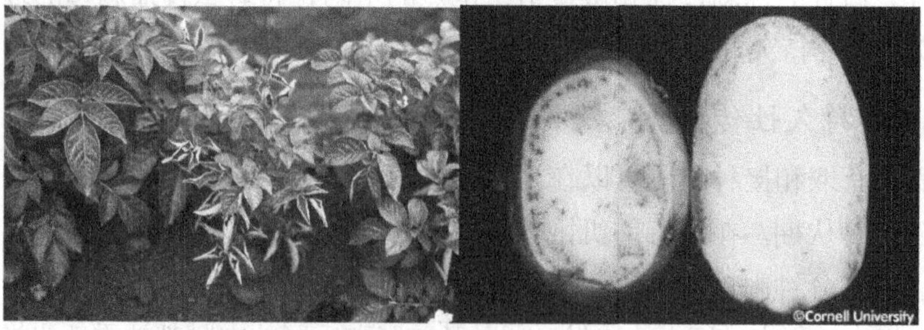

图 4-4　PLRV 对马铃薯植株发育（A，https://www.vegetables.cornell.edu/pest-management/disease-factsheets/virus-and-viroid-diseases-of-potato/）和产量（B）的影响（L.Salazer，1996）

病毒在影响马铃薯产量的同时也影响质量，造成块茎品质下降，如高感 PLRV 的马铃薯的块茎薯肉中会有明显的坏死组织，这在商品薯的生产上有较大的影响。近年来，J.Syller 等人[31]发现，当马铃薯植株同时被 PLRV 和 PSTVd 感染时，由于 PSTVd 被包于 PLRV 颗粒中，则 PSTVd 便可通过蚜虫高效传播。由于 PLRV 是马铃薯生产上广泛存在的病毒，而 PSTVd 的传播与危害有逐年加重的趋势，这可能是我国北部省份 PSTVd 迅速传播的原因。因此，抗 PLRV 的研究，不仅影响着 PLRV 病害本身造成的危害，同时还影响着日益严重的另一种马铃薯病害——类病毒的传播危害。

4.4　马铃薯卷叶病的防治

作为马铃薯唯一一种持久性蚜传病毒，马铃薯卷叶病的防治非常重要[32]。PLRV 的发生主要关系到病毒本身、环境因素及寄主植物三个因素，因此 PLRV 的防治也主要从这三个点入手。

4.4.1　病毒本身

寄主植物与病毒在漫长的进化过程中往往会发生变化而适应新的环境，因此不同地区的 PLRV 的株系各不相同[33]。就算是同一个株系，在不同地区种植几年以上，也会发生变异。在同一个地区若种植品种不一样，生态环境条件不同，病毒也会随之变异，形成最适合该环境的一种株系。因此准确的预测和测序是控制病毒本身变异及进一步对症下药的有效前提。除了识别和控制病毒本身的变异之外，还可以利用化学药剂，如病毒剂等来抑制病毒在植物体内的繁殖率。

4.4.2　环境因素

适宜的环境条件会给马铃薯卷叶病的发生提供温床。在大田条件下，除去温湿度、光照、降雨量等自然条件，能够人为控制的环境因素有田间管理和传播介体的控制与消灭。在病毒病的防治中，传播介体昆虫的研究与防治仍是防治马铃薯病毒的重要突破口[34]。尤其是马铃薯卷叶病，以蚜虫持久性方式传播，蚜虫一旦获得病毒就终身带毒，所以蚜虫的防治在马铃薯卷叶病的防治中非常重要。防治蚜虫的方法主要有物理、化学和生物三种[35]。物理方法防治蚜虫传播马铃薯卷叶病包括使用防虫网室育苗，温室培育种苗的土壤最好用消毒液消毒，杀死土内余留的虫卵，减少马铃薯植株幼苗接触卷叶病毒源的机会。在马铃薯农田里可以利用蚜虫的趋黄特性，用黏性黄色诱蚜板粘住能飞的有翅蚜，以减少病毒传播的机会[36]。化学防治蚜虫方法主要有利用化学农药、杀虫剂消灭田间的蚜虫等，这些是目前控制蚜虫的最重要的手段之一[37]。随着人们对无公害农产品的需求，无毒害的生物防治越来越受欢迎。应用蚜虫的天敌进行防治开始成为新的控蚜方法。蚜虫的天敌七星瓢虫或草蛉、茧蜂均可有效降低田间蚜虫的种群数量[38]。

在田间管理工作中，轮作是大田防治某种病的最主要的方法。跟马铃薯轮作的有玉米、大豆等亲缘关系较远的作物，还可以与非 PLRV 寄主的作物套种，如冬小麦跟马铃薯的套作可以减少马铃薯病毒传播介体蚜虫的传毒率。除此之外，严格管理马铃薯大田环境，一旦发现有蚜虫或卷叶病发生，立刻采取防治措施[39-40]。

1989 年，Mendiburu 提出了环境控制程度（degree of environment control，DEC）这一参数（见图 4-5）[41]。在环境控制因素较低的国家或地区，若想生产优质种薯，很大程度上取决于品种本身的抗性情况。在低 DEC 的地区，种薯的质量与品种的抗病性呈正相关，即抗性好的品种往往能产生质量较优的种薯，而抗性差的品种往往能产生质量较差的种薯。但是在环境控制程度较高的国家或地区，种薯质量受品种抗性影响并不明显，较易生产优质种薯。当然，这里的环境因素除了包括植物生长的物理环境之外，还包括生物因素。

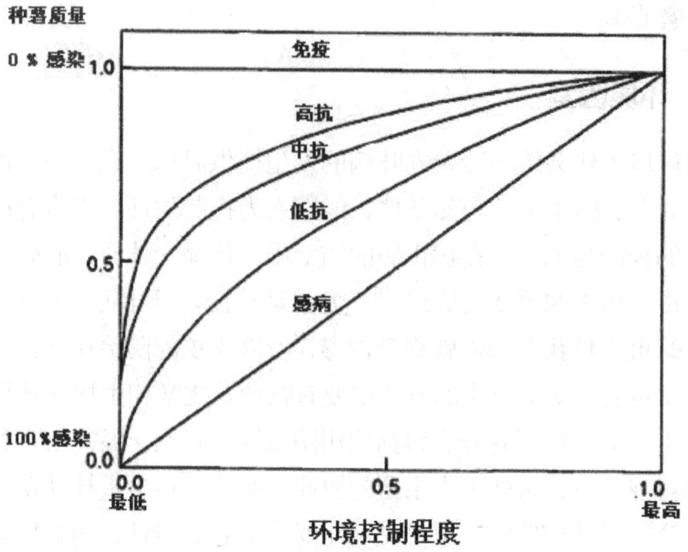

图 4-5　种薯质量和品种的遗传抗性、环境控制程度的关系

4.4.3　寄主因素

马铃薯作为 PLRV 的寄主植物，是 PLRV 防治的重要对象。块茎是马铃薯无性繁殖的材料，在马铃薯生产中控制种薯的带毒率是防治马铃薯卷叶病发生的最主要的过程。目前常用的方法包括通过热处理和茎尖培养脱出病毒。根据 PLRV 的钝化温度，在高温下（35 ~ 40 ^{0}C）放置一段时间可以降低带毒率或消除病毒 [42]。由于快速、灵敏、省钱等特点，分子生物学检测，如 Elisa、NASH、real time-PCR 等已经成为目前掌握的降低马铃薯种薯带毒率的重要方法 [43-45]。而除了在种薯挑选上严格要求之外，培育抗卷叶病或对传毒介体有抗性的新品种或利用成本低廉的实生种子育苗也可以降低因卷叶病造成的损失 [46-48]。

但是用常规育种方法育成一个新的抗病品种需要 8 ~ 10 年。培育和鉴定过程中由于受外界因素的干扰，如病毒的侵染或生长条件的不适等种种因素的干扰，品种的评价和其生产潜力的评估会受到一定的影响 [49]。茎尖脱毒组培技术固然可以降低种薯的带毒率，但是该技术本身成本就很高，对操作环境、人员、工具、设备等具有严格的要求。而茎尖脱毒组培技术获得的脱毒种薯在露天的环境下比未脱毒的种薯更容易感染其他的病，如晚疫病、早疫病等，且在整个栽培过程中避免不了受耕作措施及带病毒蚜虫的侵染而重新感染病毒[50]。再者，茎尖脱毒获得的种薯检测过程烦琐，普通的检测手法误差率大，而准确率较高的检测方法成本又高，因此通过茎尖脱毒组培技术可以获得无毒或带毒率较低的种薯，但是整个过程会耗费不小的人力和财力[51-52]。虽然用实生种来培育马铃薯在国外也备受欢迎，国内有些地方也开始尝试这种培育方法，但是实生种并非不带任何马铃薯病毒，它可以摒除自身多数病毒，但是像 PSTVd、PVT 等还是可以通过实生种传播，而且实生种马铃薯的产量往往不高，结薯不均，产品的质量也不一致[53]。

随着分子生物学的发展，通过转基因技术获得某种病的抗性品种也开始成为一种新的抗病育种手段，但是目前人们对转基因还不是很熟悉，因此也不是很相信它的安全性。抗病转基因马铃薯被接受和应用还需要一定的时间[54]。

比较上述几种方法的利与弊，发现对已育成的品种进行抗病鉴定和筛选，选取抗病卷叶病毒品种仍是目前成本低、安全可靠、能够降低卷叶病损失的最简单、有效的途径。

4.4.4　马铃薯对卷叶病毒抗性的类型

植株对某种病害的对抗性，是在漫长的植物种（寄主）与其相应的病原长期相互竞争、适者生存的结果。在这竞争中，寄主为将病原物的侵害和损失降到最低而产生了各种不同类型的抗病特性。马铃薯对卷叶病毒的抗性也是在这样的互作过程中渐渐形成的。马铃薯对卷叶病毒的抗性较为复杂，类型也较为繁多，既有寄主与病毒的关系，又有寄主病毒与传播介体以及环境条件之间的关系。在这种关系的基础上，马铃薯所表现的抗病毒行为可分为 6 种类型[18, 54]。

1. 免疫或极端抗性

免疫或极端抗性在 PVY 和 PVX 上较为常见，但在卷叶病抗性中很少见。目前，只有在野生种 *S.etuberosum* Lindl 和 *S.brevidens* 对 PLRV 具极强的抗性。因为免疫抗性或极端抗性一般受单显性基因控制，而卷叶病的抗性是由多基因控制的[55]。

2. 过敏抗性

过敏抗性又称不耐病性。感染 PLRV 后其块茎长出纤细芽，或形成瘦弱的植株而很快枯死，或芽眼坏死不能发芽，起到自身淘汰的作用，是抗 PLRV 育种极有价值的亲本。马铃薯卷叶病过敏抗性由 NL 主效基因控制，受许多次要基因修饰[56]。

3. 抗侵染性

抗侵染性能避免或减少由介体或机械摩擦引起的初侵染，它受多个基因控制，遗传性极为复杂。目前，田间抗 PLRV 侵染的品种有 Aquila、Vera、Houma、Maritta、Ewerst、Aminca、Ukama 等，我国主栽品种里的中薯三号、克薯三号、陇薯三号、宁薯六号和克新 11 号等均具有报道称抗侵染。高抗块茎网状坏死的品种有大西洋、Bannock Russet 和 Umattilla Russet 等，中抗的品种有 Ruseet Nor 和 Ranger Russet 等[57-58]。

4. 抗增殖、积累性

抗增殖、积累性受一个或多个主要基因控制，因品种而异[59]。对病毒抗增殖性的揭示，有了 ELISA 血清学，才能确定植株提取液中病毒的含量[60]。

5. 耐病毒性

耐病毒性是马铃薯对病毒抗性最差的一种类型，从抗病狭义来说，耐病性并不属于对病毒抗性范畴。当马铃薯品种具有耐病毒性时，病毒能侵染并在植株体内增殖和系统转移，即寄主与病原物共生，使马铃薯植株部分感病或完全感病，但不表现症状，或者症状轻微，对产量影响较小[61-62]。

6. 对传毒介体的抗性

PLRV 的传播主要依靠介体蚜虫，某些马铃薯品种的基因型具有影响传毒介体正常活动的机制。如马铃薯叶片蜡质层和表皮较厚，不利于蚜虫口器刺食。有些马铃薯种叶片上的腺毛浓密且长，有碍于传毒介体蚜虫的活动及取食[63-64]。有的马铃薯种可以分泌特殊的腺液或挥发物从而达到驱蚜的效果[65-67]。除了上述的生理上的被动防御外，茄科植物，如马铃薯、番茄、辣椒等植物可以产生一种叫系统素的激素来进行主动防御[68-69]。当有昆虫侵食这些植物，植物体内会识别并产生系统素，系统素可以诱导并协同参与其他的防御途径（如茉莉酸途径和乙烯途径）来抵御昆虫侵害[70-71]。

4.5　植物抗病性与活性氧清除酶系的关系

4.5.1　植物抗病性的相关研究

植物避免、中止或阻滞病原物侵入与扩展，从而减轻发病程度和降低损失的一类特性称为植物的抗病性[72]。任何植物在生长、发育过程中总会受到一些病原物的侵袭，表现出抗病或者感病，在长期的相互选择、协同进化过程中，寄主植物逐渐获得了一系列复杂的防御机制来保护自己。寄主植物的抗病机制是复杂多变的，根据作用性质和特点，可以将植物对病原物或逆境的抗性或防御机制分为两类：被动防御和主动防御[73]。

被动防御也被称为组成型防御或广义上的结构抗性，就是植物自身与生俱来的抗逆特性。植物依靠其自身组织结构上固有的特点，能够抵御或阻止病原生物的入侵或逆境的影响。例如，植物表面密生的茸毛和蜡质层，使病原物难以接触表皮细胞或穿透进入植物表皮细胞；有的植物气孔密闭或空隙小，病原物不易侵入。一些植物特有的次生代谢物质也是植物被动防御的组成部分。例如，许多菊科植物可以分泌具有杀菌或抑菌活性的生化物质（如酚类、萜类等）[74]。

植物对病原物的另一个重要的防御机制——主动防御也被称为狭义上的生化抗性（即诱发的生化抗性）。当植物受到病原物的侵染或逆境的影响时，除了会遇到植物发生细胞和组织结构上的防御和抵制外，也往往会受到植物在生理活动或生化成分方面的防御反应。和被动防御不同的是，主动防御机制在正常的条件下是不活跃的，只有在诱导因素存在的条件下才会形成，这些抗性机制才能产生并发挥防御作用，所以也称之为诱导性防御或植物诱导抗性[75]。

对于病原物的侵染而言，植物通过体内抗病基因的表达，进而控制有关防御酶的表达和有关抗病调控物质的产生来获得抗性。有些学者将植物抗性诱导的反应过程分为三个阶段：第一阶段为诱导期，是植物对诱导刺激发生“免疫应答”到防御基因表达和产物积累所需的时间；第二阶段为最大期，是诱导抗性基因刺激活化到获得最大表型所经历的时间；第三阶段为持久期，是诱导抗性的持续时间。

研究发现，氧爆发和一氧化氮的生成主要发生在诱导期[76]，活性氧和一氧化氮的积累是过敏反应以及系统获得性抗性产生的必要条件（见图4–6）。氧爆发过程中，产生活性氧中间体包括超氧阴离子、过氧化氢和羧基。活性氧和一氧化氮是植物体内存在的信号分子，参与植物的生长发育，参与调控植物的多种生理活动。它们保护植物的方式有：①活性氧和NO对侵染植物的微生物有毒害，并且NO能增强这种毒性[77-78]；②活性氧与一氧化氮共同作用引起寄主细胞的过敏性坏死[79]；③过氧化氢作为底物参与细胞壁蛋白的快速氧化交联和木质化，使病原物更难穿透细胞壁，并且还参与诱导侵染位点周围的细胞中起保护性作用的基因的表达[80]。另外，一些在微生物侵染时表达的蛋白作为酶参与水杨酸和植保素的合成[81]。在植物整个生理过程中活性氧的产生是一种很普遍的现象[82]，而植物在漫长的进化过程中形成了一个完整的活性氧清除系统，从而对各种胁迫而产生的活性氧有了适应和耐性[83]。

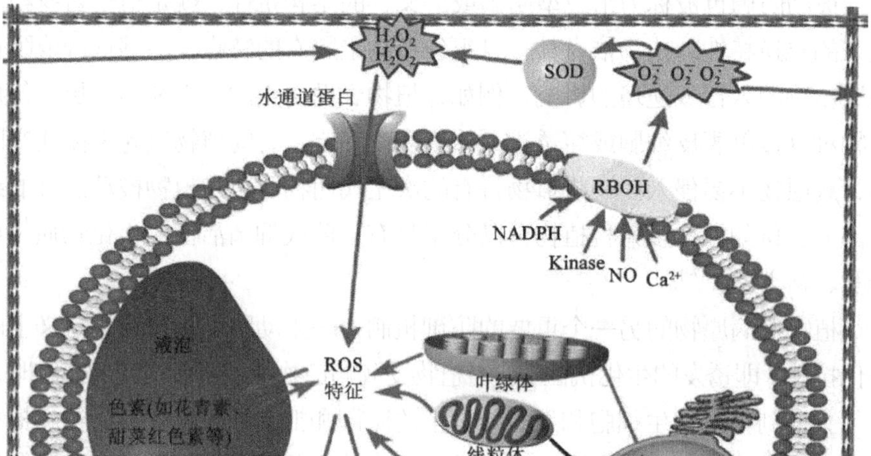

图4–6　活性氧和一氧化氮在植物防御系统中的参与

植物防御酶是植物在受到病原生物或各种逆境因子作用后，所产生的一类可直接作用于病原生物、或参与抗性物质合成、或为了维持其正常的细胞生理活动和生长发育、具有催化作用的蛋白。与植物抗病性相关的酶主要包括超氧化歧化酶（superoxide dismutase,SOD）、过氧化物酶（peroxidase,POD）、过氧化氢酶（catalase, CAT）等。除此之外，MDA、NO 也被发现了参与诱导抗性作用[84]。

4.5.2　植物抗病相关酶的介绍

1. 超氧化歧化酶（SOD）

植物体内最重要的活性氧自由清除剂之一。当植物受到生物或非生物胁迫的时候，植物体内正常的 O_2 代谢会发生紊乱，产生活性氧。活性氧的增加使以 SOD 为主的防御酶系统遭受破坏，从而增加细胞膜的过氧化反应，过氧化反应物的积累会对细胞造成破坏和伤害[85]。SOD 促进在植物体内氧自由基的歧化反应，产生超氧阴离子和 H_2O_2，与植物体的抗病性有巨大的关系[86]。

2. 过氧化物酶（POD）

在叶绿体内产生的超氧阴离子会在 SOD 的催化下产生 H_2O_2，H_2O_2 会使卡尔文循环的酶失活，从而降低光合作用，在叶绿体内没有 CAT，因此 H_2O_2 的清除主要靠 ASA-POD，ASA-POD 在植物体内的各个部位及器官中均存在[87]。

3 过氧化氢酶（CAT）

CAT 在植物细胞里主要集中分布在过氧化体和线粒体中，是一种光调节蛋白。它的活性维持主要靠在光下合成 CAT 蛋白，它的光调节性对外界环境的变化特别敏感。病原物侵染下产生的超氧阴离子和 H_2O_2 共同或分别与 CAT 进行反应，从而使 CAT 活性降低[88]。SOD、POD、CAT 协同作用清除代谢反应中产生的活性氧的积累（见图 4-7），使生物体内的活性氧保持动态的平衡状态[89]。

4. 丙二醛（MDA）

植物体通过酶促反应或非酶促反应产生氧自由基，后者能攻击生物膜中的多不饱和脂肪酸（polyunsaturated fatty acid,PUFA），引发脂质过氧化作用，并因此形成脂质过氧化物，如丙二醛（MDA）、酮基、羧基、过氧化基以及新的氧自由基等[90]。脂质过氧化作用不仅把活性氧转化成活性化学剂，即非自由基性的脂类分解产物，而是通过链式或链式支链反应放大活性氧的作用。

因此，初始的一个活性氧能导致很多脂类分解产物的形成。这些分解产物中有的是无害的，有的则能引起细胞代谢及功能障碍，甚至死亡。氧自由基不但能通过生物膜中多不饱和脂肪酸的过氧化引起细胞损伤，而且能通过脂氢过氧化物的分解产物引起细胞损伤，因而测试 MDA 的量常常可反映机体内脂质过氧化的程度，间接地反映出细胞损伤的程度[91]。

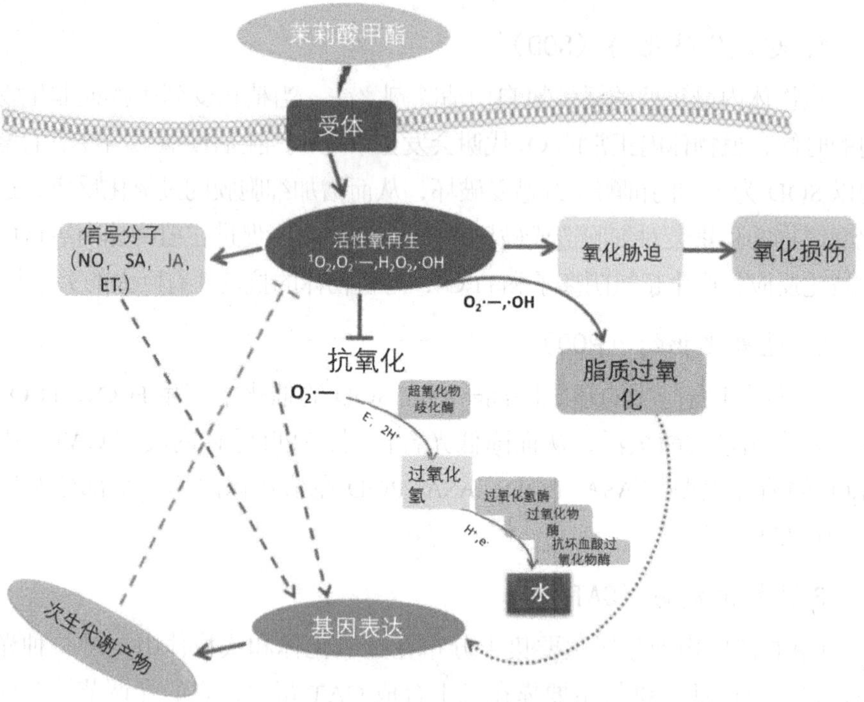

图 4-7　SOD、POD、CAT 三种酶在活性氧清除途径中的参与过程

4.6　研究内容与意义

生产中选择播种抗性强的马铃薯品种是控制 PLRV-ch 最有效的途径之一[92]。本实验对 11 个常见的马铃薯品种进行人工接毒 PLRV-ch，检测它们对 PLRV-ch 的抗性程度，并期望能够筛选出抗性较好的品种，供以后的马铃薯生产者们参考。虽然到目前为止有多数研究者做过马铃薯品种抗病毒病情况的调查，但是结论并不相一致，这很有可能是因为所接 PLRV 株系和检测技术的不同而引起的[93-94]。real time-PCR 技术是目前检测病毒最先进、灵敏

的一种方法[95]，它可以测出植物体内病毒的拷贝数。但前人对马铃薯卷叶病抗性鉴定的研究中还未出现过用此方法进行检测。它使本实验的结果比起前人的研究更具有准确性和可信性[96]。

植物与病害之间的互作是植物抗病研究领域中的一个热点。活性氧爆发过程中，产生活性氧中间体，包括超氧阴离子、过氧化氢和羧基[97]。活性氧和 NO 是植物体内存在的信号分子，参与植物的生长发育，调控植物抗病生理[98]。本实验期望通过比较接毒后不同抗性品种活性氧清除酶系及 NO 的含量变化，初步探讨活性氧清除酶系及一氧化氮在马铃薯抗卷叶病毒病过程中的可能作用[99]。

4.7　实验材料与方法

4.7.1　realtime-PCR 检测体系的建立

在实验材料制备的过程中需要对脱毒试管苗和从田间采回来的带毒病株进行病毒检测，符合要求才可进行下一步的工作。因此具有特异性强、灵敏度高等特点的 Real time PCR 检测方法在本实验中起着重要的作用。

1. realtime-PCR 检测 PLRV

1）马铃薯组织 RNA 的提取及浓度测定

提取所用的枪头、离心管（eppendorf 管，Epf 管）等都用 DEPC 1‰溶液浸泡过夜后，高压灭菌 30 min 去除焦碳酸二乙酯（diethyl pyrocarbonate, DEPC）。操作步骤按试剂盒操作说明（提取试剂盒购自 Takara）。

（1）取马铃薯叶片 50 mg，装入 2.0 mL 的 Epf 中再加入陶瓷圆珠和 1 mL RNAisolate 提取液，将其放在已加入液氮预冷的细胞破碎仪（Bertin technologies 公司，Broyeur de cellules，Prcellys 24）中进行粉碎。

（2）将粉碎好的 Epf 管样品室温静置 5 min 后 12 000 r/min 离心 5 min。

（3）取上清至一新的 Epf 管中，加入 1/5 体积的氯仿，盖紧盖子后用力振荡混匀。

（4）12 000 r/min 离心 15 min，4 ℃。吸取上清至一新的 Epf 管中。

（5）加入等体积的异丙醇。

（6）上下颠倒混匀，室温静置 10 min。

（7）12 000 r/min 离心 10 min，4 ℃。

（8）弃上清，缓慢沿管壁加入 75% 乙醇 1 mL，上下颠倒，充分洗涤。

（9）12 000 r/min 离心 5 min，4 ℃。

（10）弃去乙醇，尽量弃干净，室温干燥 2 ~ 5 min。DEPC 水回溶 30 μL。

（11）测 OD 值。

（12）根据 OD 值对所要检测的 RNA 样进行调整，保证所有 RNA 样品的浓度都在统一水平上。

2）反转录合成 cDNA

5 × RT 缓冲剂（含 $MgCl_2$）	4 μL
dNTPs	3 μL
RNA 酶抑制剂	1 μL
M-mlv	1 μL
随机 6 核苷酸引物	1 μL
RNA 样品	1 μg（2.5 ~ 5 μL）DEPC 水补齐至 20 μL

反应条件：42 ℃ 10 min，95 ℃ 2 min。

3）realtime-PCR Taqman 探针法检测

（1）引物和探针。根据 National Center for Biotechnology Information（NCBI）上登录的马铃薯病毒基因序列通过 blast 对比，选定以下引物和探针，内参基因选细胞色素氧化酶（cytochrome oxidase gene，COX）进行，参照附录 1。

（2）Taqman 探针法检测：

Taqman PCR master mix	10 μL（ABI 公司）
primer1（10 μmol/L）	0.5 μL（上海生工）
primer2（10 μmol/L）	0.5 μL（上海生工）
Taqman probe	1 μL（TAKARA 公司）
DNA 模板	2 μL
ddH_2O	补齐至 20 μL

反应条件：42 ℃ 40 min，95 ℃ 3 min；95 ℃ 15 s，60 ℃ 1 min，40 个循环，延伸过程采集信号。根据已绘制的标准曲线，换算获得未知检测样品的浓度，进行下一步的统计学分析。

4）PLRV 标准曲线的绘制

标准曲线绘制：取质粒浓度 10^{-3} ~ 10^{-8} 为标准品。计算质粒 PMD−19T−gene 浓度（拷贝数）。

（1）质粒的相对分子质量 =3 778（碱基总数）×2×324.5（碱基的平均相对分子质量）

（2）将提取的质粒用 Nanodrop 测定仪（Thermo Fisher）进行浓度测定，得到相应的值。由于进行 realtime−PCR 时，DNA 的起始量都是以"拷贝数"为单位的，因此再将得到的质粒浓度结合下例公式得到相应的拷贝数。DNA 拷贝数的计算公式为

$$相应拷贝数=\frac{DNA浓度\times 6.022\times 10^{23}}{DNA长度\times 650\times 10^{9}}=\frac{220\times 6.022\times 10^{23}}{3778\times 650\times 10^{9}}=5.4\times 10^{10}$$

由于所测质粒的浓度偏大，应将该质粒进行倍比稀释，得到一系列浓度的质粒，于 −20 ℃保存备用。绘制 realtime−PCR 标准曲线时则用 5.4×10^{2} ~ 5.4×10^{7} 的六个浓度。

（3）对试验结果进行分析和比较，得出结论。

（4）PLRV 标准曲线（见图 4−8），左为标准样品梯度稀释的扩增曲线，右为标准曲线；稀释梯度为 10^{-3} ~ 10^{-8}；斜率 =−3.566 619，R^2=0.999 427，Intercept=5.427 056；$y=5.4\times10^{10}\times10^{-\frac{x-5.427\,056}{3.566\,619}}$。

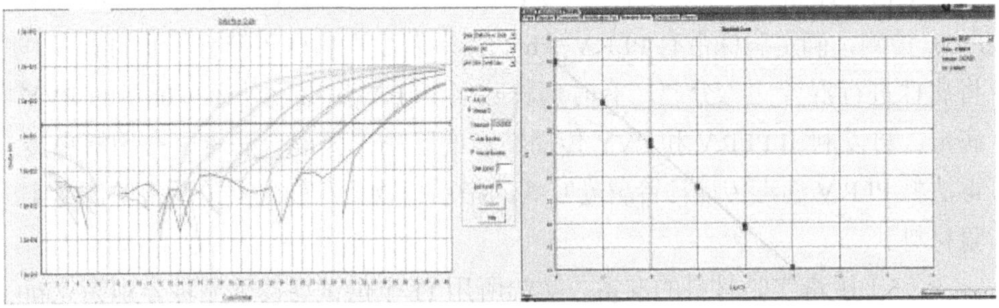

图 4−8　PLRV 标准曲线

1. 蚜虫传毒体系的建立

1）实验材料的采集

（1）桃蚜的采集与鉴定。由于受北方地区气候条件的约束，在内蒙古地区每年一般到 5 月或 6 月才出现成蚜。本实验所用的蚜虫材料是 2010 年 5 月 12 日—2010 年 6 月 28 日在呼和浩特市公主府公园桃树林采获的。将蚜虫与

桃树枝一并采摘后放进随身携带的捕蚜纱网袋里，捕蚜过程最好是在早晨或晚上气温不高的时候进行，整个过程进行的时间也不宜太长，以免采摘下的桃树枝蒸腾失水后，以其为食的蚜虫也随之死亡。将捕抓完的蚜虫带到实验室后迅速用毛笔轻刷，移到准备好的白菜苗上继续饲养。由于本实验需要的蚜虫材料为桃蚜，因此在饲养过程中挑选几十只成虫，将其泡在装有酒精的小瓶里送往中国科学院动物研究所乔格霞教授实验室进行专业的鉴定，鉴定结果显示所捕蚜虫为绿色桃蚜。

（2）饲养无毒桃蚜虫种群。等确定是桃蚜之后，继续将其培养在马铃薯病毒的免疫植物大白菜上。每天观察叶片上新生的若虫，将这些若虫转移到另一个纱网笼内健康的大白菜上。在 20 ℃左右的温度下 2 ~ 3 周后，当桃蚜的种群达到稳定的数量时随机挑取若干只用 realtime-PCR 方法检测其带毒情况。确定蚜虫不带毒之后在养虫网内用无毒大白菜饲养，让其繁五至多代，得到足够量的无毒桃蚜。

（3）毒原材料的采集。在内蒙古大学马铃薯工程技术研究中心实验田，带土挖有典型症状的植株，用保鲜膜包住整个植株，装入隔热保鲜箱中，加入预冷的冰袋以保鲜。采卷叶病株尽量挖采感染单独卷叶病的病株。采病株的时间最好安排在清晨时分，以便分辨病毒引起的卷叶与缺水引起的卷叶，除此之外也可以减少采摘后病株的水分散失。

（4）毒源的检测及保存。将从田间采回来的 PLRV 病株进行 realtime-PCR 检测，确定病株带有 PLRV-ch 病毒。若发现病株还带有其他的病毒，将病株进行混合病毒分离。有时病株除了 PLRV 病毒之外还可能带有 PVY 病毒。可以利用 PLRV 和 PVY 传播特点的区别分离混合病毒。在用蚜虫传毒法将 PLRV 病毒传播马铃薯卷叶病的指示植物百花曼陀罗上，备做传毒实验材料。

（5）脱毒实验材料的准备。实验所用 11 个供试马铃薯品种分别为克新一号、东农 308、陇薯三号、内薯七号、中薯 11 号、虎头、费乌瑞它、夏波蒂、底西瑞、大西洋、布尔班克脱毒试管苗，经 realtime-PCR 检测确定不带毒之后进行下一步的实验。在抗性鉴定中以夏波地马铃薯作为对照，11 个供试品种的介绍见附录 2。

（6）实验材料的检测。所有实验材料均经过 realtime-PCR 检测病毒三次后，结果理想才能进行下一步的实验。

（7）蚜虫传毒实验：①传毒实验材料的准备；②检测克新一号、东农

308、陇薯三号、内薯七号、中薯 11 号、虎头、费乌瑞它、夏波蒂、底西瑞、大西洋、布尔班克等 11 个不同品种马铃薯的脱毒组培苗，确定脱毒组培苗的不带卷叶病病毒。在 18 ～ 23 ℃，16 h 光照、8 h 黑暗条件下培养。

2）扩繁无毒组培苗

选取脱毒成功的试管苗单节切段扦插在固体 MS 培养基上，每瓶可插 5 ～ 10 个茎段，经 20 天左右发育成 5 ～ 10 cm 高小植株，继续进行切段繁殖。在 18 ～ 23 ℃，16 h 光照、8 h 黑暗条件下培养 [102]。

3）炼苗

试管苗一般不能直接栽到温室花盆里，因为培养室和试管环境有所不同，必须要有一个驯化适应的过渡阶段。试管苗 4 ～ 5 叶期时，将盖子拔去，置于温室内炼苗，使试管苗强壮，进一步适应外界环境。移栽前应连续炼苗 5 天。注意炼苗时，将试管每 10 管一捆，直立置于地面上或悬挂空中。在 18 ～ 23 ℃，相对湿度 60% ～ 80%，16 h 光照、8 h 黑暗条件下培养 [103]。

4）试管苗的移栽

试管苗移植前应做好培养土的配制工作。将酸性花土与蛭石按 1 ∶ 1 的体积比例混合之后高温灭菌再晾干。将晾干的花土分装到花盆里，用配制适当的营养水浇透后即可用于移栽实验。实验的阳性对照用的是 PLRV 的指示植物——百花刺果曼陀罗，主要目的是确定本实验中涉及的一些传毒有关的参数，包括蚜虫的数量、病毒的含量、传毒时间等因素是否合理 [104]。

每个品种共盆栽 5 株幼苗，其中 3 株用来做传毒实验，1 株用来做空白对照，即让没有饲过毒的蚜虫取食，另 1 株用来做阴性对照，即没有任何蚜虫咬过，完全是健康的脱毒幼苗。在 18 ～ 23 ℃，相对湿度 60% ～ 80%，16 h 光照、8 h 黑暗条件下培养 [105]。

5）观察苗子长势

等盆栽植株长到 20 cm（需要 20 ～ 30 天）时开始做传毒实验。

6）蚜虫传毒实验（一个品种为例）

（1）用毛笔取无毒桃蚜 80 ～ 100 头，放在铺有湿纸的培养皿内，饥饿 2h 后，其中的 60 ～ 80 头移到带毒的马铃薯病株上，每株 20 头蚜虫，饲毒 24 h 后再转移到健康的供试植株上传毒 24 h。其余的 20 ～ 40 头直接放到健康的供试植株上饲食 24 h 当作空白对照 [106]。

（2）传毒 24 h 完成之后喷杀虫剂，杀死植株上的所有的蚜虫。

（3）无论是传毒前还是传毒后，所有的实验材料都应用防虫纱网罩住，以防实验受其他因素的干扰。

（4）经过上述处理的供试材料，置温室或培养箱内培育并观察发病情况，1 周后开始进行病害症状调查，提取 RNA，进行反转录之后，用 realtime-PCR 进行病毒检测。

7）病害症状调查方法

传毒之后的 1 周开始每 7 天调查一次，卷叶病的病害分级标准参考如下[94]：

（1）0 级（HR）：无任何症状。

（2）1 级（R）：植株大小与健株相似，顶部叶片微束，退绿或仅下部复叶又顶小叶开始，沿边缘向上翻卷成匙状，质脆易折。

（3）2 级（MR）：病株比健株稍低半数叶片成匙状，下部叶片严重卷成筒状，有时有少数叶片干枯。

（4）3 级（MS）：病株矮小，绝大多数叶片卷成筒状，中下部叶片严重卷成筒状，有时有少数叶片干枯。

（5）4 级（S）：病株极矮小，全株叶片严重卷成筒状，部分或大部分叶片干枯脱落。

发病最严重时的 DSI 值是 100，完全无病为 0。

相关计数公式为：$\text{病情指数}=\dfrac{\sum \text{各级病株数}\times\text{该病级值}}{\text{调查总株数}\times\text{最高级值}}\times 100$。

8）realtime-PCR 检测

检测方法同第 2 章。供试无毒盆苗进行人工传毒之后 7 天、15 天、25 天、35 天检测，将检测出的 CT 值换算成拷贝数，进行统计学分析。

4.7.2 抗病性相关化学物质的测定

1. 实验材料与方法

供试材料克新一号、陇薯三号、夏波蒂为 PLRV-ch 抗性水平不同的三个品种。接 PLRV-ch 后 1、2、3、5、8、11、14、18 天分别取植株上数第四叶 1 ~ 2 g，液氮速冻后保存于 -80 ℃冰箱备用。

1）NO 含量的测定

NO 含量测定采用试剂盒用一氧化氮测定试剂盒——硝酸还原酶法（南京建成生物工程研究所），取 0.1 g 处理过的叶片加 0.9% NaCl 0.9 mL，匀浆：12 000 r/min 离心 10 min，取上清，沸水浴 5 min，再 12 000 r/min 离心 10 min，稀释 10 倍用于检测。在 550 nm、0.5 cm 光径测定吸光度。按照试剂盒说明操作与计算得出不同品种马铃薯叶片组织中的 NO 水平（见附录 3.1）。

2）SOD 酶活性的测定

用总超氧化歧化酶（total superoxide dismutase T−SOD）测试盒（南京建成生物工程研究所）。

取三个不同水平抗性马铃薯叶片组织各 0.05 g，加 0.9 % NaCl 4.95 mL 制成 1%（组织克重 / 生理盐水毫升数）的马铃薯叶组织匀浆，然后 3 000 ~ 4 000 r/min 离心 10 min，取上清 50 μL 作为样品进行进一步的操作和测定。具体操作步骤见南京建成 SOD 试剂盒说明书。吸光度测定波长为 550 nm 处 1 cm 光径比色皿，蒸馏水调零，比色（见附录 3.2）。

单位定义：每毫克组织蛋白在 1 mL 反应液中 SOD 抑制率达 50%时所对应的 SOD 量为一个 SOD 活力单位（U）。

3）POD 酶活性测定

用植物中过氧化物酶（POD）测定试剂盒（南京建成生物工程研究所）。

准确称取马铃薯叶组织 0.05 g，按照重量体积比（g/mL）1 ∶ 9 的比例加入生理盐水，制备成 10%的组织匀浆，2 500 r/min 离心 10 min 后，取上清进行下一步的操作与测定。在 420 nm 处，1 cm 光径，双蒸水调零，测定 OD，具体操作步骤见试剂盒说明书（见附录 3.3）。

单位定义：在 37 ℃条件下，每毫克组织蛋白每分钟催化产生 1 μg 的底物的酶量定义为酶活力单位。

4）CAT 酶活性测定

用过氧化氢酶（CAT）测定试剂盒（南京建成生物工程研究所）。

准确称取马铃薯叶组织 0.5 g，加入 9 倍的生理盐水，制备成 10%的组织匀浆，2 500 r/min 离心 10 min 后，取上清进行下一步的操作和测定。在 0.5 cm 光径，405 nm 处，蒸馏水调零，测各管吸光度。按照试剂盒说明中的操作步骤进行操作，并进行分析（见附录 3.4）。

单位定义：每毫克组织蛋白每秒分解 1 μmol 的 H_2O_2 的量为一个活力单位。

5）MDA 含量测定

用微量丙二醛（MDA）测定试剂盒（南京建成生物工程研究所）。

准确称取马铃薯叶组织 0.5 g，加入 9 倍的生理盐水，制备成 10% 的组织匀浆，2 500 r/min 离心 10 min 后，取上清进行下一步的操作和测定。在 1 cm 光径，532 nm 处，蒸馏水调零，测各管吸光度。按照试剂盒说明中的操作步骤进行操作，并进行分析（见附录 3.5）。

2. 数据统计方法

测定结果用 DPS 数据处理系统作方差分析。数据源于 3 次独立的试验结果。

4.8 结果与分析

4.8.1 实验材料的检测

1. 马铃薯组织 RNA 的提取

取用新鲜的马铃薯组织，使用 RNAiso Plus 提取总 RNA，经电泳检测（见图 4-9），呈现三条带，分别是 28 S、18 S 和 5.8 S rRNA，整体看提取的 RNA 没有降解，进一步测定 OD 值，其完整性符合标准才可进行反转录。

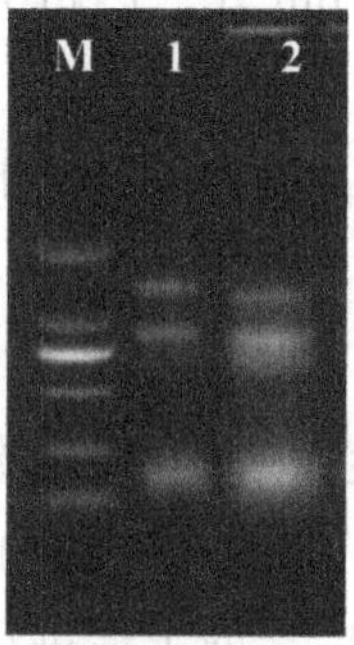

图 4-9 马铃薯组织总 RNA 电泳图

注：M：DNA Marker DL2000 lane；1：含病毒马铃薯组织的总 RNAlane；2：不含病毒的马铃薯组织的总 RNA。

2. 毒源植物的检测

从大田采回来的 PLRV 植株经 realtime-PCR 检测，发现是 PLRV-ch 阳性（见图 4-10）。每株 20 头蚜虫，经 24 h 的饲毒和传毒，将病毒传到指示植物百花刺果曼陀罗上后第 7 天左右会出现过敏反应，接着是植株叶片褪绿。证明所采的样品为 PLRV-ch 阳性株，接毒的曼陀罗株可用作下一步传毒实验的毒源材料（见图 4-11）。

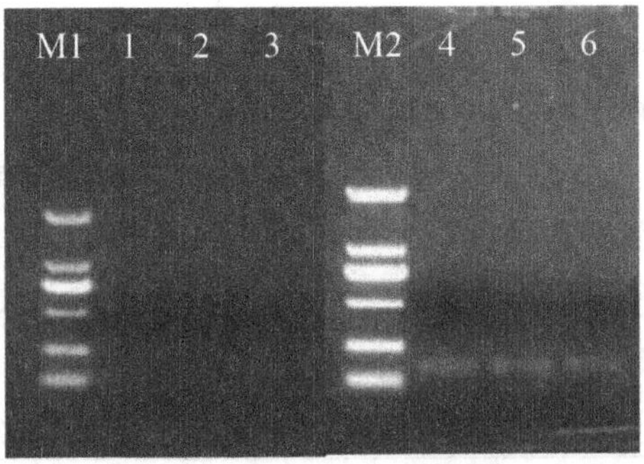

图 4-10　未接毒和接毒 PLRV-ch 后的百花刺果曼陀罗 realtime-PCR 40 个循环后的电泳图

注：M1 M2：DNA Marker DL2000；lane 1、2、3：未接 PLRV-ch 的百花刺果曼陀罗 realtime-PCR 检测结果；lane 4、5、6：接 PLRV-ch 后的百花刺果曼陀罗 realtime-PCR 检测结果。

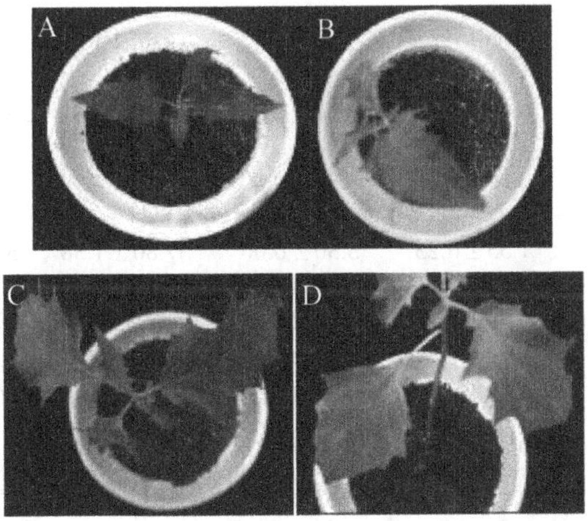

图 4-11　未接毒和接毒 PLRV-ch 的百花刺果曼陀罗症状

注：A：line1 未接毒之前的百花刺果曼陀罗植物；B：line2 未接毒之前的百花刺果曼陀罗植物；C：line1 接毒之后 20 天的百花刺果曼陀罗植物；D：line1 接毒之后 20 天的百花刺果曼陀罗植物。

3. 脱毒马铃薯材料的检测

实验所用的 11 个马铃薯品种材料必须通过 realtime-PCR 检测，符合标准后才进行进一步的传毒实验。realtime-PCR 检测结果（见附录 4）显示，所检测的实验材料不含 PLRV、PVY、PVS、PVX 等马铃薯病毒和类病毒 Pstvd，是合格的脱毒材料，可用于传毒实验。

4.8.2 11 个供试马铃薯品种室内接 PLRV-ch 后的病害程度观察结果

为探明接 PLRV-ch 后的不同马铃薯品种的抗性表现，本实验观测了 11 个马铃薯品种的感病情况，抗性目测鉴定结果见表 4-1。从表型上看，所鉴定的 11 个品种中没有高抗品种；抗性品种有三个，分别是东农 308、克新一号和虎头；中等抗性品种也有三个，底西瑞、陇薯三号和内薯七号；中感品种有大西洋、布尔班克、费乌瑞它、中薯 11 号等；高感病品种有夏波蒂一个品种。对照 1 和对照 2 的抗性表现见附录 5。

表 4-1　11 个供试马铃薯品种室内接 PLRV-ch 后的抗性表现

品种	7 天	15 天	25 天	35 天	抗性
虎头	0.00 ± 0.00	8.33 ± 1.41	7.66 ± 2.01	22.67 ± 5.15	R
东农 308	0.00 ± 0.00	0.00 ± 0.00	14.00 ± 0.63	33.22 ± 2.45	R
克新一号	0.00 ± 0.00	2.77 ± 1.52	18.66 ± 1.01	38.78 ± 0.81	R
内薯七号	0.00 ± 0.00	5.50 ± 0.00	26.50 ± 0.51	53.30 ± 4.05	MR
陇薯三号	0.00 ± 0.00	5.50 ± 0.00	19.11 ± 1.59	59.11 ± 3.09	MR
底西瑞	1.33 ± 0.23	5.50 ± 0.00	37.80 ± 1.58	59.00 ± 5.07	MR
布尔班克	0.00 ± 0.00	0.00 ± 0.00	34.33 ± 3.00	67.35 ± 5.00	Ms
中薯 11 号	0.67 ± 0.00	13.88 ± 3.17	35.44 ± 1.02	70.99 ± 3.01	Ms
费乌瑞它	0.00 ± 0.00	0.00 ± 0.00	48.00 ± 0.00	78.50 ± 2.01	Ms
大西洋	0.00 ± 0.00	5.50 ± 0.57	44.55 ± 5.37	79.22 ± 2.08	Ms
夏波蒂	0.00 ± 0.00	0.00 ± 0.00	62.88 ± 3.17	83.88 ± 1.02	S

注：第 2 ~ 第 5 列的数据代表平均值 ± 标准差；第 6 列的数据代表抗性水平（R-高抗 MR- 中抗 MS- 中等敏感 S- 敏感）。

4.8.3　11 个马铃薯品种接毒 PLRV-ch 后的体内病毒含量检测

1. 11 个马铃薯品种接 PLRV-ch 后第 7 天的 realtime-PCR 检测的结果

本实验选取 11 个马铃薯品种进行蚜虫接毒 PLRV-ch。两个对照分别是经无毒桃蚜饲食的马铃薯植株（对照 1）和健康的马铃薯植株（对照 2）。接毒 PLRV-ch 后的第 7 天选取从上数第 4 叶，提取 RNA，进行 realtime-PCR 检测。

DPS 软件分析结果（见附表 6-1 和附表 6-2）表明接毒 PLRV-ch 后第 7 天，11 个马铃薯品种体内 PLRV-ch 含量差异显著（见图 4-12）（F=2.78，显著水平＜ 0.01）。

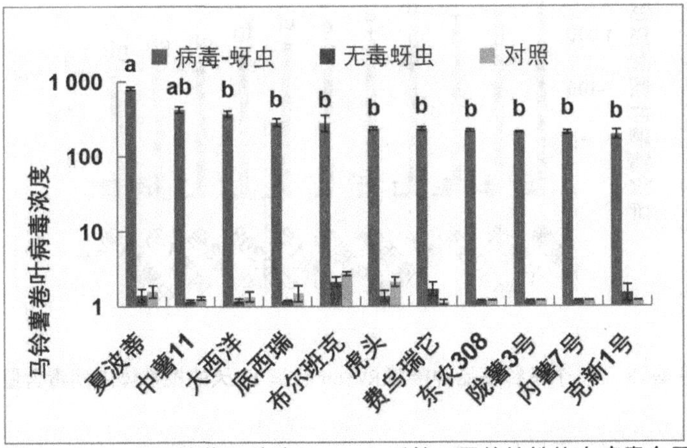

图 4-12　11 个马铃薯品种接 PLRV-ch 后第 7 天的植株体内病毒含量

接毒 PLRV-ch 处理的 11 个马铃薯品种，除了夏波蒂之外，其余 10 个品种的病毒含量并无显著的差异。经无毒桃蚜饲食的 11 个马铃薯品种和健康成长的 11 个马铃薯品种体内病毒含量并无显著的差异。接毒 PLRV-ch 处理的 11 个马铃薯品种体内病毒含量比两个对照要高，且差异显著。两个对照组间没有显著的差异。

从接毒 7 天后的检测结果可以确定蚜虫已经成功将 PLRV-ch 病毒传到供试的 11 个马铃薯品种植株体内。且除了夏波蒂以外的 10 个品种的传毒量相互间差异不显著，说明蚜虫的传毒量均等。供试 11 个马铃薯品种里没有蚜虫抗性或抗侵染型的品种。

2. 11 个马铃薯品种接 PLRV-ch 后第 15 天的 realtime-PCR 检测的结果

本实验选取 11 个马铃薯品种进行蚜虫接毒 PLRV-ch。两个对照分别是经无毒桃蚜饲食的马铃薯植株（对照 1）和健康的马铃薯植株（对照 2）。接毒后 15 天后摘取从上数第四片叶，提取 RNA，进行 realtime-PCR 检测。

DPS 软件分析结果（见附表 6-3 和附表 6-4）表明接毒 PLRV-ch15 天后的 11 个马铃薯品种体内 PLRV-ch 含量差异极显著（见图 4-13）（F=21.04，显著水平＜ 0.01）。

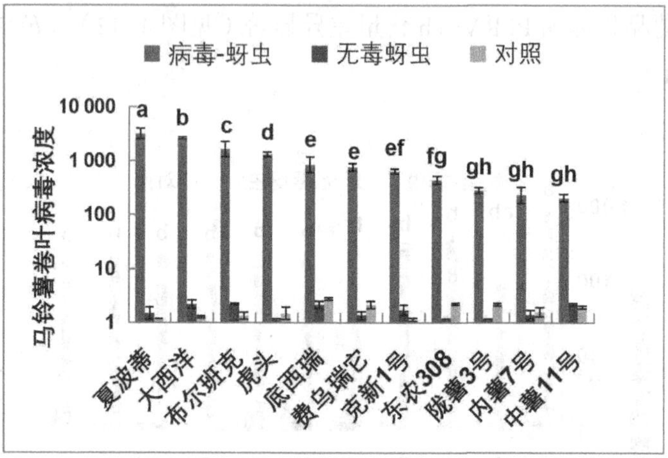

图 4-13　11 个马铃薯品种接 PLRV-ch 后第 15 天的植株体内病毒含量

供试 11 个马铃薯品种接 PLRV-ch 后第 15 天，品种间体内病毒含量有了显著的差异。病毒含量从多至少排序依次为夏波蒂、大西洋、布尔班克、虎头、Desirere、Faverta、克新一号、东农 308、陇薯三号、内薯七号、中薯 11 号。

所有接毒 PLRV-ch 处理的马铃薯植株体内病毒含量均比对照 1 和对照 2 要高且差异显著。而对照 1 和对照 2 两个对照组间并无显著的差异。

3. 11 个马铃薯品种接 PLRV-ch 后第 25 天的 realtime-PCR 检测的结果

本实验选取 11 个马铃薯品种进行蚜虫接毒 PLRV-ch。两个对照分别是经无毒桃蚜饲食的马铃薯植株（对照 1）和健康的马铃薯植株（对照 2）。接毒 7 天后摘取从上数第四片叶，提取 RNA，进行 realtime-PCR 检测。

DPS 软件分析结果（见附表 6-5 和附表 6-6）表明接毒 PLRV-ch25 天后 11 个马铃薯品种体内 PLRV-ch 含量差异显著（见图 4-14）（F=11.45，显著水平< 0.01）。

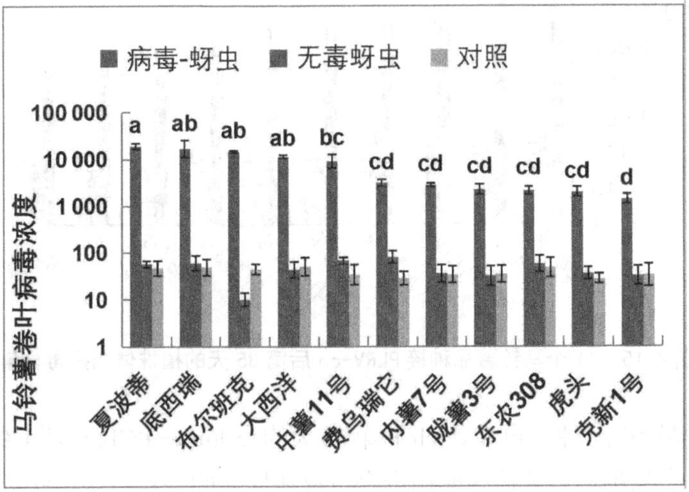

图 4-14　11 个马铃薯品种接 PLRV-ch 后第 25 天的植株体内病毒含量

11 个马铃薯品种接 PLRV-ch，25 天后的 realtime-PCR 检测的结果表明，此时的 11 个品种间病毒含量有了明显的差异。病毒含量从多至少排序依次为夏波蒂、Desirere、布尔班克、大西洋、中薯 11 号、Faverta、内薯七号、陇薯三号、东农 308、虎头、克新一号。

所有接毒处理的病毒含量均比对照 1 和对照 2 要高且差异显著。而对照 1 和对照 2 两个对照间并无显著的差异。

4. 11 个马铃薯品种接 PLRV-ch 后第 35 天的 realtime-PCR 检测的结果

本实验选取 11 个马铃薯品种进行蚜虫接毒 PLRV-ch。两个对照分别是经无毒桃蚜饲食的马铃薯植株（对照 1）和健康的马铃薯植株（对照 2）。接毒 7 天后摘取从上数第四片叶，提取 RNA，进行 realtime-PCR 检测。

DPS 软件分析结果（见附表 6-7 和附表 6-8）表明接毒 PLRV-ch35 天后 11 个马铃薯品种体内 PLRV-ch 含量差异显著（见图 4-15）（F=25.7，显著水平< 0.01）。

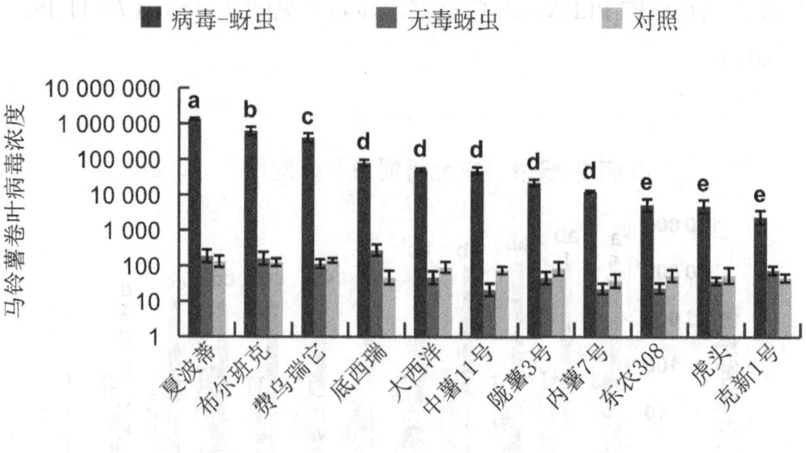

图 4-15　11 个马铃薯品种接 PLRV-ch 后第 35 天的植株体内病毒含量

11 个马铃薯品种接 PLRV-ch 后第 35 天的 realtime-PCR 检测的结果显示，此时的 11 个品种马铃薯体内的病毒含量存在显著的差异。病毒含量从多至少排序依次为夏波蒂、布尔班克、Faverta、Desirere、大西洋、中薯 11 号、陇薯三号、内薯七号、东农 308、虎头、克新一号。

所有接毒 PLRV-ch 处理的马铃薯植株体内病毒含量均比对照 1 和对照 2 要高且差异显著。而对照 1 和对照 2 两个对照组间没有显著的差异。

4.8.4　11 个供试马铃薯品种接毒 PLRV-ch 后的病害程度观察结果与体内病毒含量检测结果的比较

图 4-16 为 11 个马铃薯品种温室接毒 PLRV-ch 后，分别在第 7、第 15、第 25、第 35 天取样检测植株体内病毒含量的结果，从 realtime-PCR 检测结果可以看出每个品种体内病毒含量的增加趋势。所有 11 个品种体内病毒含量增长与传毒 PLRV-ch 后的时间的长短呈正相关，但增长的速度有所不同，有的品种前期病毒含量很高，到后期增加速度反而较慢，如中薯 11 号和大西洋，这两个品种有可能有基因在控制其病毒增殖速度，属于抗增殖型；有的品种前期病毒含量不高，但到后期增加速度变快，如费乌瑞它。

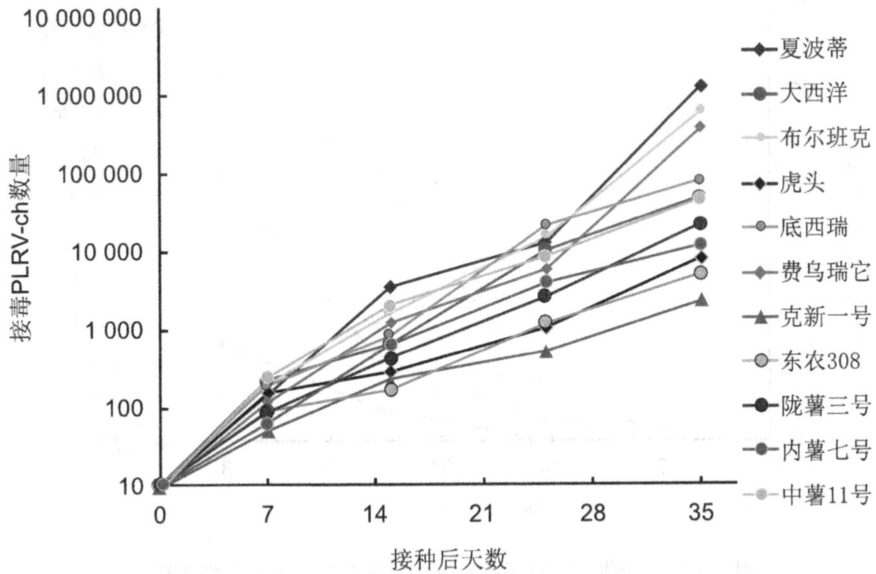

图 4-16　11 个马铃薯品种接 PLRV-ch 后的植株体内病毒含量

图 4-17 是 11 个品种接毒后目测鉴定结果，结合图 4-16 可以大概了解每个品种感病毒后表型上的症状变化。多数品种的表型症状与其体内病毒含量成正相关。有少数的品种如抗性品种虎头与同一抗性水平的克新一号和东农 308 相比，在接毒后 35 天时，其植株表型上无明显的卷叶症状，抗性似比克新一号和东农 308 都强，但体内的病毒含量却比克新一号的 2 倍，属于耐病毒型品种。还有较感品种中薯 11 和大西洋，在接毒后 35 天时，表型的卷叶症状比起中抗水平的品种底西瑞和表现上与其同一抗性水平的品种布尔班克都重，但体内病毒含量却比底西瑞和布尔班克要少。其中布尔班克在接毒后 35 天时的病毒含量比大西洋多 6 倍，底西瑞的病毒含量比中薯多 1.8 倍，说明比起大西洋品种，被 PLRV-ch 侵染之后表现出系统过敏或称不耐病性。对所鉴定的 11 个品种马铃薯对 PLRV-ch 的抗性 realtime-PCR 检测结果和目测结果进行比较，发现除了少数几个品种，多数品种的 realtime-PCR 检测结果和目测结果相一致。说明这些品种植株表现的症状与体内病毒含量成正相关性。

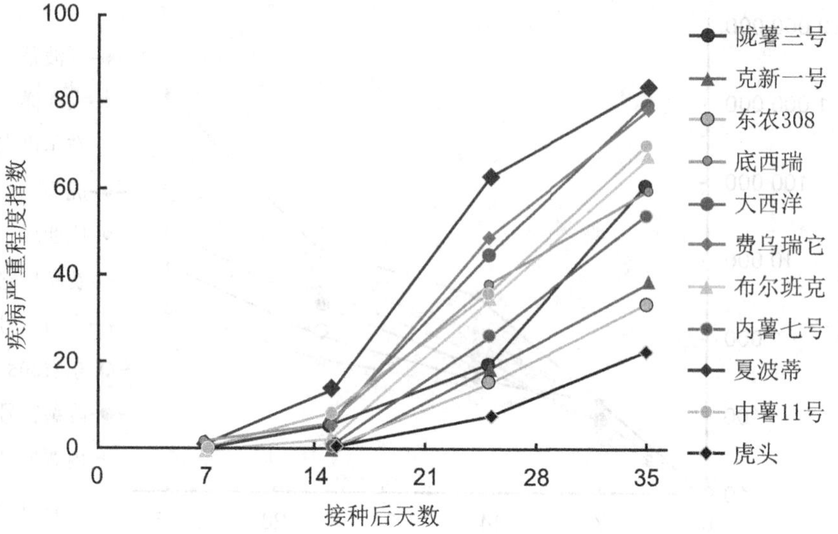

图 4-17　1 个供试马铃薯品种室内接 PLRV-ch 后的抗性表现

从第 7 天 realtime-PCR 检测结果可知，所鉴定的 11 个品种里没有介体抗性的品种。

4.8.5　三个不同抗性水平马铃薯品种接毒 PLRV-ch 后体内抗性相关化学物质的变化

1. 三个不同抗性马铃薯品种一氧化氮（NO）含量的变化

未接毒处理的三个不同抗性水平马铃薯品种体内 NO 含量变化不大（见图 4-18）。接毒后 1 ~ 14 天间接毒处理的三个品种 NO 含量均比对照组要高，接毒处理组与未接毒处理组间的 NO 含量差异显著。陇薯三号、克新一号两个品种 NO 含量从接毒后第 3 天起逐渐上升，后在第 8 天出现峰值，而夏波蒂在接毒后第 11 天达最高值，整个过程中三个接毒处理品种间 NO 含量变化并没有显著的差异（见附录 7 中附表 7-1）。说明当植株遇到病毒侵染时，体内的 NO 含量大大增加，独立或协同其他的防御系统来保护植株免遭病毒侵害。

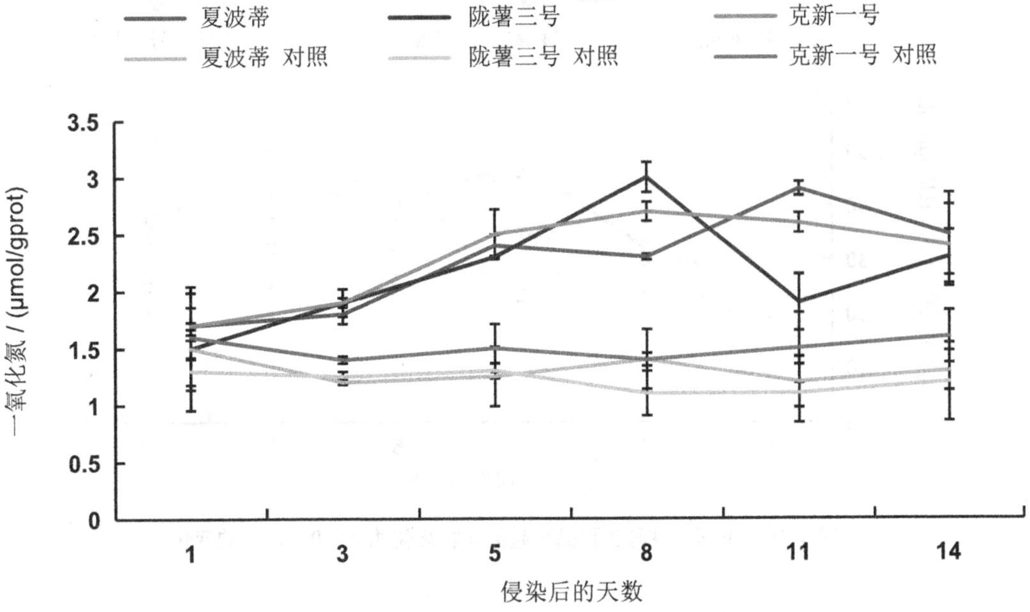

图 4-18　不同抗性水平马铃薯品种一氧化氮（NO）含量的变化

2. 三个不同抗性马铃薯品种超氧化物歧化酶（SOD）活性的变化

本研究测定了三个不同抗性水平的马铃薯品种接毒处理和未接毒处理时的 SOD 活性变化（见图 4-19）。由试验测定结果得知，未接毒处理的情况下，三个品种的 SOD 活性没有明显的变化和波动。接毒后三个品种的 SOD 活性均有提高，接毒后 1 ~ 3 天三个品种的活性均逐渐提高，到第 3 天，陇薯三号、克新一号两品种的活性显著高于夏波蒂和三个对照的活性，达到第一个高峰值。此时陇薯三号和克新一号的活性是各自对照的 2.0 倍和 1.7 倍。到第 8 天，夏波蒂活性达到其最大值，出现第一个高峰。第 8 ~ 11 天时的三个接毒品种的活性均比对照要高，但 SOD 活性开始下降（见附录 7 中附表 7-2）。说明，比起感病品种，植株遇到病毒侵染时抗性和中抗性品种体内的 SOD 酶活性增加得快且多。

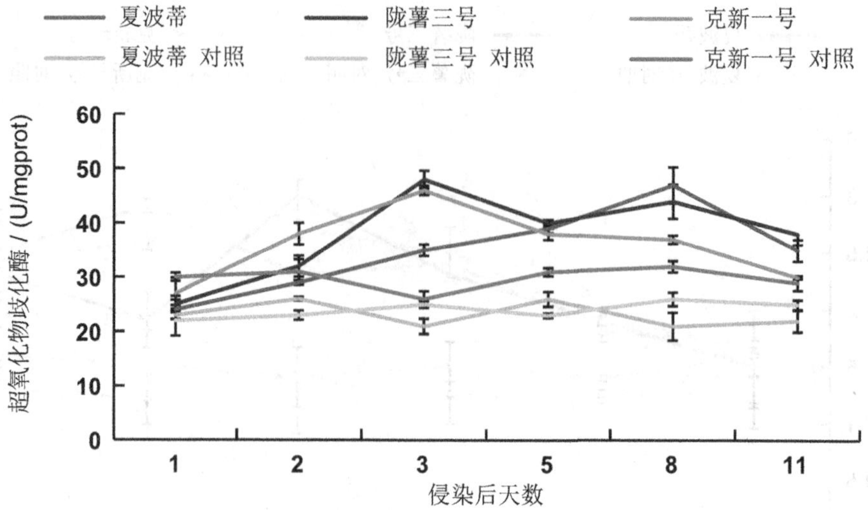

图 4-19　不同抗性马铃薯品种超氧化物歧化酶（SOD）活性的变化

3. 三个不同抗性马铃薯品种过氧化物酶（POD）含量的变化

在未进行接毒处理的情况下三个马铃薯品种的酶活性变化没有明显的规律（见图 4-20）。接毒之后的第 1 天开始，三个马铃薯品种的 POD 活性均呈上升趋势，其中克新一号和陇薯三号叶片组织中的 POD 活性均在第 8 天达到最高值，品种夏波蒂的 POD 活性上升较缓慢，到接毒后第 5 天才出现明显的增长。克新一号和陇薯三号两个品种的活性幅度较大，最大活性是各自对照的 2.1 倍和 2 倍。夏波蒂的活性幅度较小，最大活性则是它对照的 1.5 倍。接毒后的 1 ~ 8 天抗病品种克新一号和较抗品种陇薯三号的 POD 活性显著高于感病品种夏波蒂和未接毒时三个品种的 POD 活性，第 8 天时差异极显著。在第 11 ~ 14 天，接毒处理后三个品种的 POD 活性比所有未接毒处理时的 POD 活性要高，但三个品种间差异并不显著（见附录 7 中附表 7-3）。

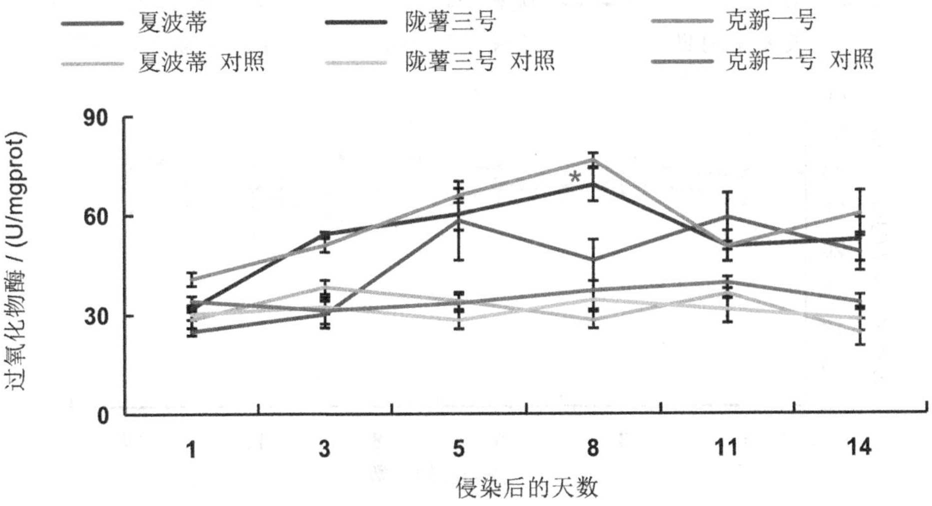

图 4-20　马铃薯叶片过氧化物酶（POD）活性的变化

4. 三个不同抗性马铃薯品种过氧化氢酶（CAT）含量的变化

未接毒处理的三个马铃薯品种体内 CAT 活性一直处于平缓的状态，波动变化不大（见图 4-21）。接毒处理后前 5 天三个马铃薯品种的活性没有明显的变化，到第 8 天时陇薯三号的 CAT 活性迅速下降，达到最低值，与未接毒的对照和接毒处理的其他两个品种的酶活性差异显著。随后逐渐上升，接毒后第 11 ~ 14 天的 CAT 活性与对照没有显著的差异（见附录 7 中附表 7-4）。

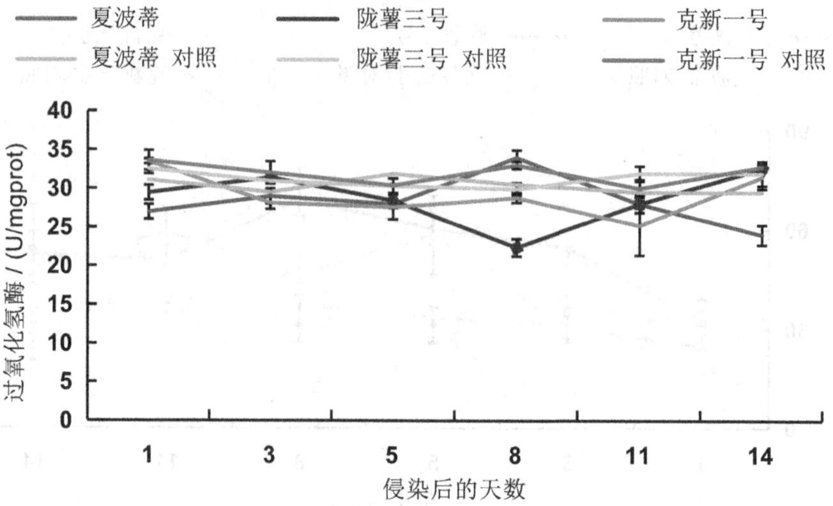

图 4-21　马铃薯叶片过氧化氢酶（CAT）活性的变化

5. 三个不同抗性马铃薯品种丙二醛（MDA）含量的变化

本研究测定了三个不同抗性水平的马铃薯品种接毒处理和未接毒处理的 MDA 活性变化（见图 4-22）。由试验测定结果可知，未接毒处理的情况下，三个品种的活性未有明显的变化与波动。接毒后的第 1 ～ 8 天接毒处理的三个品种 MDA 含量与对照没有明显的差异。到第 11 天时，陇薯三号接毒处理的含量显著提高，比对照高 1.5 倍。到 14 天时，三个品种接毒与未接毒并没有显著差异。原因可能为，MDA 是细胞膜脂过氧化产生的代谢物，而病毒的传播扩散主要靠胞间联丝，对细胞膜的影响并没有真菌卵菌那样明显（见附录 7 中附表 7–5）。

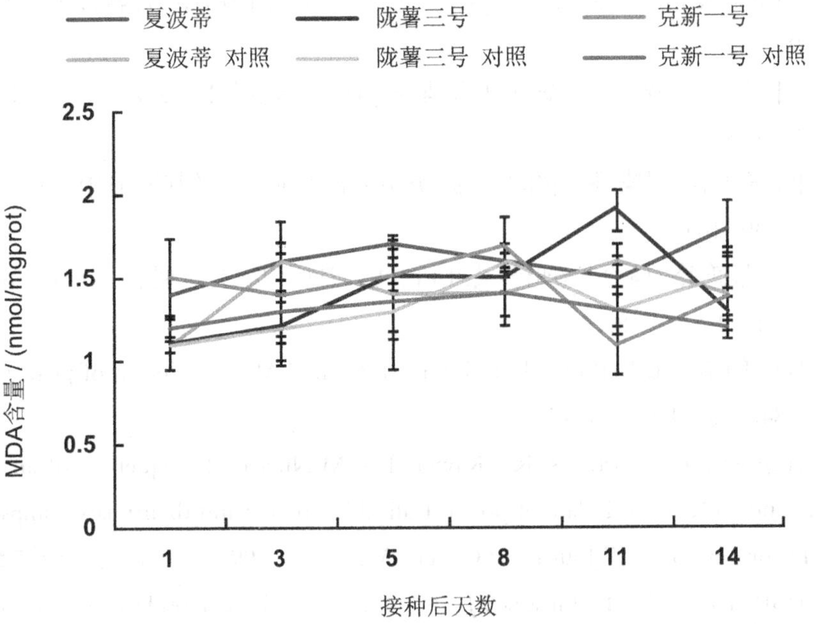

图 4-22　不同抗性马铃薯品种丙二醛（MDA）含量的变化

4.9　参考文献

[1]Nations F.New light on a hidden treasure[J].Experimental Agriculture，2009，45(3)：136-165.

[2]FAO.Statistical Databases，Food and Agricultural organization of the United Nations[J].Rome，2011，6（7）：7.

[3] 屈冬玉，谢开云，金黎平，等 . 中国马铃薯产业与现代农业 [M]. 哈尔滨：哈尔滨工程大学出版社，2006.

[4] 屈冬玉 . 中国马铃薯产业发展与食物安全 [J]. 中国农业科学，2005，38（2）：358-362.

[5] 陈伊里，屈冬玉 . 马铃薯产业——更快更高更强 [M]. 哈尔滨：哈尔滨工业大学出版社，2008.

[6]Salazar L F.Potato viruses and their control[D].Lima：International Potato

Center，1996：12–17.

[7] 郭志乾，董风林 . 马铃薯病毒性退化与防治 [J]. 中国马铃薯，2004，8(1): 48–49.

[8] 张鹤龄 . 我国马铃薯抗病毒基因工程研究进展 [J]. 马铃薯杂志，2000，14（1）：34–45.

[9] 张鹤龄 . 侵染马铃薯的病毒 . 类病毒和类菌原体及其鉴定 [J]. 病毒学报，1987：139–164.

[10] 张鹤龄 . 马铃薯卷叶病毒（PLRY）基因组研究进展 [J]. 中国病毒学，1996，11（1）：1–8.

[11]Harrison B D.Potato leafroll virus[J].CMI/AAB Description of plant viruses，1984，29（1）：34–45.

[12]Keese P，Martin R R，Kawchuk L M.Nucleotide sequences of an Australian and a Canadian isolate of potato leafroll luteovirus and their relationships with two European isolates[J].Journal of General Virology，1990，7（1）：719–724.

[13]Mayo M A，Robinson S J，Jolly C A，et al.Nucleotide sequence of potato leafroll luteovirus RNA[J].Journal of General Virology，1989，70：1037–1051.

[14]Rowhani A R.Stace–Smith.Purification and characterization of potato leafroll virus[J].Virology，1979，98：45–54.

[15]Miller J S，Mayo M A.The location of the 5’ end of the potato leaf roll virus subgenomic coat protein m RNA[J].J Gen Virology，1991，72：2633–2638.

[16]Vander W F，Huisman M J，Cornelissen B J C.Nucleotide sequence and organization of potato leafroll virus genomic RNA[J].FEBS Letters，1989，24（5）：51–56.

[17] 张鹤龄 . 马铃薯卷叶病毒（PLRY）基因组研究进展 [J]. 中国病毒学，1996，11（1）：1–8.

[18] 孙慧生 . 马铃薯育种学（第一版）[M]. 北京：中国农业出版社，2003.

[19]Harris K F，Maramorosch K.Aphids as virus vectors[M].New York：Academic Press，1977.

[20]Eastop V F.World wide importance of aphids as vectors[M].New York：Academic Press，1977.

[21]Edward B Radcliffe，David W Ragsdale.Invited Review Aphid–

transmitted Potato viruses: The Importance of Understanding Vector Biology[J]. Amer J of Potato Res, 2002, 79: 353–386.

[22]Woodford J A T, Jolly C A, Aveyard C S.Biological factors influencing the transmission of potato leafroll virus by different aphid species[J].Potato research, 1995, 38: 133–141.

[23]Hille R, Larnbers D.Aphids: Their life cycles and their role as virus vector[J].Potato research, 1972: 36–56.

[24]Mac K J P.Comparative studies between the aphid transmission of PLRV and turnip latent virus[J].Canadian Journal of Botany, 1962, 40: 525–531.

[25]Michal K.The effect of feeding time on potato virus S transmission by Myzus persicae（Sulz.）and Aphis[J].Potato Research, 2003, 46（4）: 129–136.

[26]Peters D, Elderson J.Some observations on the mechanism of the persistent virus transmission–a study with potato leaf roll virus[J].Acta Botanica Neerlandica, 1984, 33: 238–239.

[27]Pollars D G.Aphid Penetration of plant tissues[M].New York: Academic Press, 1972.

[28]Wattimena G A, Purwito A, Mattjik N A.Research progress in potato propagation and breeding at Bogor Agricultural University[J].Agricultural Plant Science, 2004: 30–41.

[29]Novy R, Gillen A, Whitworth J.Whitworth Characterization of the expression and inheritance of potato leafroll virus（PLRV）and potato virus Y（PVY）resistance in three generations of germplasm derived from Solanum Tuberosum[J]. Theor Appl Genet, 2007, 11（4）: 1161–1172.

[30]Jerzy S.Potato leafroll virus（PLRV）: its transmission and control[J]. Integrated Pest Management Reviews, 1996, 1: 217–227.

[31]Jerzy S.Transmission by aphids of potato spindle tuber viroid encapsidated by potato leafroll luteovirus particles[J].European Journal of Plant Pathology, 1997, 103: 285–289.

[32]Barker H.Multiple components of the resistance of potato to potato leafroll virus[J].Annals of Applied Biology, 1987, 111: 641–648.

[33]Syller J, McNicol J W, Bradshaw J E.Inhibited Long–Distance Movement of Potato Leafroll Virus to Tubers in Potato Genotypes Expressing Combined

Resistance to Infection, Virus Multiplication and Accumulation[J].J.Phytopathology, 2003, 151: 492–499.

[34]Basky Z.The relationship between aphid dynamics and two prominent potato viruses (pvy and plrv) in seed potatoes in hungary[J].Crop Protection, 2002, 21: 823–827.

[35]Mccornack B P, Ragsdale D W.Demography of soybean aphid(homoptera: aphididae) at summer temperatures[J].Ecology and behavior, 2004, 97 (3): 854–861.

[36]Syller J.The influence of temperature on transmission of potato leaf roll virus by Myzus persicae Sulz[J].Potato Research, 1987, 30 (1): 47–58.

[37]Singh M N, Khurana S M P, Nagaich B B, et al.Environmental factors influencing aphid transmission of potato virus Y and potato leafroll virus[J].1988, 31 (3): 501–509.

[38]Werner B J, Mowry T M, Bosque–P é rez Nilsa A, et al.Changes in Green Peach Aphid Responses to Potato Leafroll Virus–Induced Volatiles Emitted During Disease Progression[J].Environmental Entomology, 2009 (5): 1429–1438.

[39] 方中达 . 植病研究方法 [M]. 北京：中国农业出版社，1979.

[40]Kassanis B.The use of tissue cultures to produce virus–free clones from infected potato varieties[J].Annals of Applied Biology, 2008, 45 (3): 422–427.

[41]Mendiburu A O.Approaches to developing resistance to viruses through breeding.[C]//Control of Virus & Virus–like Diseases of Potato & Sweet Potato Report of the III Planning Conference Held at the International Potato Center, 1990.

[42]Thirumalachar M J.Cercospora leaf spot and stem canker disease of potato[J].American Journal of Potato Research, 1953, 30 (4): 94–97.

[43] 吴志明，朱水芳，张成良，等 . 应用 RT—PCR 法快速检测马铃薯卷叶病毒 [J]. 河北农业大学学报，2000，23（4）：3.

[44]Agindotan B O, Shiel P J, Berger P H, et al.Simultaneous detection of potato viruses, PLRV, PVA, PVX and PVY from dormant potato tubers by TaqMan real–time RT–PCR[J].Virology, 2006, 12: 31–32.

[45] 贺鹏飞 .PLRV 的 IC–RT–PCR 和 DAS–ELISA 两种检测方法的比较

[D]. 杭州：浙江科技学院，1999：22–27.

[46]Baker G J，Orlandi E W，Anderson A J，et al.Oxygen metabolism in plant cell culture/bacteria interactions：role of bacterial concentration and H2O2–scavenging in survival under biological and artificial oxidative stress[J].Physiological and Molecular Plant Pathology，1997，51（6）：401–415.

[47]Boonham N，Walsh K，Mumford R A，et al.Use of multiplex real - time PCR（TaqMan）for the detection of potato viruses[J].Eppo Bulletin，2010，30（3–4）：427–430.

[48]Accatino P Malagamba.Potato production from true seed international potato center[M].Lima：CIP，1982.

[49]Malagamba P.A Monares.True potato seed：past and present uses.International Potato Center[M].Lima：CIP，1988.

[50]Golmirzaie A M，Ortiz R，Sequen F.Genetically Mejoramiento of the potato meidante semilla（sexual），Centro International potato center[M].Lima：CIP，1990.

[51] 吴祥华 . 马铃薯 *StTm*-2 基因的克隆和表达分析 [D]. 重庆：重庆大学，2009：13–32.

[52] 黄美杰 . 野生马铃薯抗 PVY 材料的筛选与评价 [D]. 哈尔滨：东北农业大学，2009：35–36.

[53]Cox B A，Jones R A C.Effects of tissue sampling position，primary and secondary infection，cultivar，and storage temperature and duration on the detection，concentration and distribution of three viruses within infected potato tubers[J].Australasian Plant Pathology，2012，41（2）：197–210.

[54]Vreugdenhil D，Bradshaw J，Gebhardt C，et al.Potato biology and biotechnology：advances and perspectives[M].Amsterdam the Netherlands Elsevier B，2007（24）：91–115

[55]Barker H.Host genes and transgenes that confer resistance to a Scottish isolate of potato leafroll virus are also effective against a Peruvian isolate[J].Potato Research，1995，38（3）：291–296.

[56]Cockerham G.Genetical studies on resistance to potato viruses X and Y[J].Heredity，1970，25（3）：309–348.

[57]Beemster A B R，de Bokx J A. Virus translocation in potato plants and

mature plant resistance&Viruses of potatoes and seed-potato production.PUDOC[J]. Wageningen, the Netherlands, 1972（1）: 225-238.

[58]Braber J M, Bus C B, Schepers A, et al.Changes in leaf components and peroxidase activity of potato plants（cv.Bintje）in relation to mature-plant resistance to PVYN[J].Potato Research, 1982, 25（2）: 141-153.

[59]Wilson C R, Jones R, Wilson C R, et al.Resistance to potato leafroll virus infection and accumulation in potato cultivars, and the effects of previous infection with other viruses on expression of resistance[J].Crop & Pasture Science, 1993, 44（8）: 512-517.

[60]Barker H, Solomon-Blackburn R M, Mcnicol J W, et al.Resistance to potato leaf roll virus multiplication in potato is under major gene control[J].Theoretical & Applied Genetics, 1994, 88（6-7）: 754-758.

[61]Jayasinghe U, Rocha J, Chuquillanqui C, et al.Feeding behavior of potato aphids on potato cultivars resistant and susceptible to potato leafroll virus（PLRV）[J].Phytopathology, 1993, 28（2）: 107-111.

[62]Marczewski W, Flis B, Syller J, et al.A major quantitative trait locus for resistance to Potato leafroll virus is located in a resistance hotspot on potato chromosome Ⅺ and is tightly linked to N-gene-like markers[J].Molecular Plant-Microbe Interactions, 2001, 14（12）: 1420-1425.

[63]Mihovilovich E, Alarc ó n L, P é rez A L, et al.Discovery and Evaluation of a Valuable New Source of Resistance to PLRV: Solanum tuberosum subsp.andigena[J].Wageningen, the Netherlands, 1999（6）: 15.

[64]Mndolwa D, Bishop G, Corsini D, et al.Resistance of potato clones to the green peach aphid and potato leafroll virus[J].American Journal of Potato Research, 1984, 61（12）: 713-722.

[65] Gibson R W, Pickett J A.Wild potato repels aphids by release of aphid alarm pheromone[J].Nature, 1983, 302（5909）: 608-609.

[66]Jayasinghe U, Chuquillanqui C, Salazar L F, et al..Modified expression of virus resistance in potato in mixed virus infections[J].American Potato Journal, 1989, 66（3）: 137-144.

[67]Jayasinghe U, Chuquillanqui C, Salazar L F.Modified expression of virus resistance in potato in mixed virus infections[J].American Potato Journal, 1989, 66

（3）：137–144.

[68]Gibson R W.Glandular hairs providing resistance to aphids in certain wild potato species[J].Annals of Applied Biology，2010，68（2）：113–119.

[69]Ryan C A，Pearce G.Systemins：a functionally defined family of peptide signals that regulate defensive genes in Solanaceae species[J].National Academy of Sciences，2003（100）：14577–14580.

[70]Ryan C A，Gregg A H.Suppressors of systemin signaling identify genes in the tomato wound response pathway[J].Genetics，1999，153（3）：1411–1421.

[71]Ryan C A，Huffaker A，Yamaguchi Y.New insights into innate immunity in Arabidopsis[J].Cellular Microbiology，2010，9（8）：1902–1908.

[72]Ryan C A，Moura D S.Systemic wound signaling in plants：A new perception[J].Proceedings of the National Academy of Sciences，2002，99（10）：6519–6520.

[73] 高必达，陈捷 . 生理植物病理学 [M]. 北京：科学出版社，2006.

[74] 刘新，张蜀秋，娄成后 . 植物体内一氧化氮的来源及其与其他信号分子之间的关系 [J]. 植物生理学报，2003，39（5）：513–518.

[75]Xu Y C，Zhao B L.The main origin of endogenous NO in higher non–leguminous plants[J].Plant Physiology and Biochemistry–PARIS，2003，41（9）：833–838.

[76]Sean F Clarke.Changes in the activities of antioxidant enzymes in response to virus infection and hormone treatment[J].Physiologia Plantarum，2002，114（2）：147–162.

[77]Takahashi S，Yamasaki H.Reversible inhibition of photophosphorylation in chloroplasts by nitric oxide[J].FEBS Letters，2002，512（1–3）：145–148.

[78]Mittler R，Herr E H，Orvar B L，et al.Transgenic tobacco plants with reduced capability to detoxify reactive oxygen intermediates are[J].Proceedings of the National Academy of Sciences of the United States of America，1999，96（24）：14165–14165.

[79]Peng X L.Mycotoxin Och–ratoxin a induced cell death and changes in oxidative metabolism of Arabidopsis[J].P lant Cell Rep，2010，29（2）：153–161.

[80]Lamb C，Dixon R A.The oxidative burst in plant disease resistance[J].Annual Review of Plant Physiology and Plant Molecular Biology，1997：48.

[81]Tai L M，Liang W L，Zuo Y H，et al.Changes of Defensive Enzymes Activitiy in Different Resistant Potato Varieties after Inoculated with Alternaria solani[J].Plant Physiology Communications，2010，46（11）：1147–1150.

[82]Jianrong S.Cross talk between calcium–calmodulin and nitric oxide in abscisic acid signaling in leaves of maize plants[J].Cell Research，2008，18：577–588.

[83]Patykowski J，Urbanek H.Activity of Enzymes Related to H2O2 Generation and Metabolism in Leaf Apoplastic Fraction of Tomato Leaves Infected with Botrytis cinerea[J].Journal of Phytopathology，2010：151.

[84]Klessig D F.Nitric oxide and salicylic acid signaling in plant defense[J].Proceedings of the National Academy of Sciences of the United States of America，2000，97（16）：8849–8849.

[85]Kopyra G，Gw E A.Antioxidant enzymes in paraquat and cadmium resistant cell lines of horseradish[J].Biological Letters，2003，40（1）：61–69.

[86]Kumar M，Yadav V，Tuteja N，et al.Antioxidant enzyme activities in maize plants colonized with Piriformospora indica[J].Microbiology，2020（12）：166.

[87]Jianrong S.Cross talk between calcium–calmodulin and nitric oxide in abscisic acid signaling in leaves of maize plants[J].Cell Research，2008，18：577–588.

[88]Chigrin V V，Rozum L V，Zaprometov M N.Phenolcarboxylic acids and lignin in the leaves of wheat varieties resistant and sensitive to stem rust infection[J].Fiziol Rast Mosk，1973（6）：801–806.

[89]Bolwell G P，Davies D R，Gerrish C，et al.Comparative Biochemistry of the Oxidative Burst Produced by Rose and French Bean Cells Reveals Two Distinct Mechanisms 1[J].Plant Physiology，1998，116（4）：1379–1385.

[90]Beckman K B，Ingram D S.The inhibition of the hypersensitive response of potato tuber tissues by cytokinins：similarities between senescence and plant defence responses[J].1994，44（1）：40–50.

[91]Strange R N.Introduction to Plant Pathology[M].New York：John Wiley & Sons，Inc.，2003.

[92] 斯琴巴特尔 . 植物生理学 [M]. 杭州：浙江大学出版社，2007.

[93]Barker H，Harrison B D.Restricted distribution of potato leafroll virus antigen in resistant potato genotypes and its effect on transmission of the virus by

aphids[J].Annals of Applied Biology，1986，109（3）：595–604.

[94]Barker H.Multiple components of the resistance of potatoes to potato leaf–roll virus[J].Annals of Applied Biology，1987，111（3）：641–648.

[95]Umar U D，Khan M A，Javed N，et al.Evaluation of resistance against plrv in potato cultivars[J].Pakistan Journal of Phytopathology，2011，23（1）：14–19.

[96]Umar U，Khan M.Characterization of environmental conditions conducive for the development of potato leaf roll virus disease[J].2011，23（2）：92–97.

[97]关翠萍,张鹤龄,门福义,等.马铃薯病毒一步法RT–PCR诊断研究[J].内蒙古大学学报（自然科学版），2005，36（2）：178–185.

[98]Cui J X，Zhou Y H，Ding J G，et al.Role of nitric oxide in hydrogen peroxide–dependent induction of abiotic stress tolerance by brassinosteroids in cucumber[J].Plant Cell and Environment，2010，34（2）：347–358.

[99]Zhao L，Zhang F，Guo J，et al.Nitric Oxide Functions as a Signal in Salt Resistance in the Calluses from Two Ecotypes of Reed[J].Plant Physiology，2004，134（2）：849–857.

[100]Skulachev V P.Possible role of reactive oxygen species in antiviral defense[J].Biochemistry，1998，63（12）：1438–1440.

[101] 孙琦，张春庆.马铃薯X病毒的RT–PCR检测[J].园艺学报，2003，30（6）：687–689.

[102] 王中康，夏玉先，袁青，等.马铃薯种苗复合感染病毒多重RT–PCR同步快速检测[J].植物病理学报，2005，35（2）：109–115.

[103] 胡建军，何卫，王克秀，等.马铃薯脱毒种薯快繁技术及其数量经济关系研究[J].西南农业学报，2008，021（3）：737–740.

[104] 石晓华，孙凯.马铃薯茎尖组织培养脱毒的研究[J].吉林农业科学，2007，32（1）：55–56.

[105]Cuello J L.Latest developments in artificial lighting technologies for bioregenerative space life support[J].Acta Horticulturae，2002（580）：49–56.

[106] 柳永强，王一航.试管苗移栽压苗高效生产脱毒微型种薯技术[J].中国种业，2010（1）：75–76.

[107]Kostiw M.The effect of feeding time on potato virus S transmission by Myzus persicae（Sulz.）and Aphis nasturtii Kalt，aphids[J].Potato Research，

2003，46（3-4）：129-136.

[108]Wattimena G A Research progress in potato propagation and breeding[J].2004：30-41.

[109]Barker H，Solomon-Blackburn R M，Mcnicol J W，et al.Resistance to Potato Leafroll Virus Infection and Accumulation in Potato Cultivars，and the Effects of Previous Infection with other Viruses on Expression of Resistance[J].Theor Appl Genet，1994，88：754-758.

[110]Barker H，Solomon-Blackburn R M.Solomon-Blackburn.Resistance to potato leaf roll virus multiplication in potato is under major gene control[J].Theor Appl Genet，1994，88：754-758.

[111]Jayasinghe U.Modified expression of virus resistance in potato in mixed virus infections[J].American Potato Journal，1989，66（3）：137-144.

[112]Jones R A C.Resistance to potato leaf roll virus in Solanum brevidens[J].Potato Research，1979，22（2）：149-152.

[113]Ross H.Wild species and primitive cultivars as ancestors of potato varieties. In：Proceedings Conference on broudening genetic base of crops.wageningen[J].The Netherlands，1979（27）：237-245.

[114]Butkiwicz H. In tolerance to potato leaf roll virus（PLRV）occurring in potato plants[J].Ziemniak，1978（15）：5-37.

[115]Barker H，Harrison B D.Harrison.Restricted distribution of potato leafroll virus antigen in resistant potato genotypes and its effect on transmission of the virus by aphids[J].Annals of Applied Biology，1986，109（3）：595-604.

[116]Rodriguez J M.Methodology for the study of the resistance against to PLRV in potato[J].Crops production in tropical conditions，1998（7）：158-159.

[117]Wilson C R，Jones R A C.Resistance to potato leafroll virus infection and accumulation in potato cultivars，and the effects of previous infection with other viruses on expression of resistance[J].Crop & Pasture Science，1993，44（8）：891-904.

[118]Shi F M，Yao L L，Pei B L，et al.Cortical microtubule as a sensor and target of nitric oxide signal during the defence responses to Verticillium dahliae toxins in Arabidopsis[J].Plant Cell Environment，2009，32（4）：428-438.

[119]Dangl J.Innate immunity.Plants just say NO to pathogens[J].Nature，

1998，394（6693）：525–527.

[120]Delledonne M.NO news is good news for plants[J].Current Opinion in Plant Biology，2005，8（4）：390–396.

[121]Delledonne M，Zeier J，Marocco A，et al.Signal interactions between nitric oxide and reactive oxygen intermediates in the plant hypersensitive disease re–sistance response[J].PNAS，2001，98（6）：13454–13459.

[122]Strange R N.Introduction to Plant Pathology[M].New York：John Wiley & Sons，Inc，2003.

[123]Neill S J，Desikan R，Clarke A.Hydrogen peroxide and nitric oxide as signalling molecules in plants[J].Journal of exprinmental botany，2002，53（372）：1237–1247.

第 5 章　讨论与展望

20 世纪末，国外一些学者们在研究马铃薯和病毒的关系时发现，一些种或品种对病毒侵染具有抗性，可降低病毒复制的速率，有的耐病毒侵染能力强，有的将病毒局限于退绿黄化或坏死组织中，也有的特易感病毒。在马铃薯中已发现一系列受基因控制的不同类型的抗病毒反应，这些抗性有抗侵染、抗病毒复制、抗过敏、耐病毒和介体抗性。免疫或极端抗性显然是不同的抗性机制复合作用的结果。研究马铃薯品种对 PLRV 抗性是一个全球性的重要问题。因受多种因素的影响，马铃薯抗 PLRV 的机制很复杂，其抗性由多个基因控制。

对一些野生型和栽培品种的分析表明，它们包含着一个或多个抗性成分。如下是 CIP 确定的一些马铃薯基因型的 PLRV 抗性成分：LT−1 品种耐病，KIT−60.21.19 种具免疫特性，B−71.240.2 品种为抗增殖型，Mariva 种则为抗侵染型，*T.condemayta* 既抗侵染又耐病，Serrana 和 *P.crown* 均具耐病特性，*S.brevidens* 抗侵染，抗增殖，介体抗性，*S.×edinense* 抗侵染，*S.acaule*、*S.tuberosum* 抗侵染，*S.tuberosum* cvs 抗过敏，而 DTO28 品种较易感病毒侵染。从病毒学的角度看来，通过病毒检测获得的信息将帮助人们增加对病毒抗性的认识，有助于培育具有高水平抗性的基因型。

对病毒增殖存在抗性这一现象是近期借助酶联免疫吸附试验 Elisa 技术的应用才得以肯定的。因为 Elisa 可以确定植物体提取物中的病毒的含量。在基因性抗性中抗 PLRV 的增值是最广为知晓的一个例子。Barker 和 Harrison 发现，在基因性抗性品种植物体内的病毒含量只是感病品种的 0.1% ~ 1%，并且高水平抗性的植株被侵染之后的表现的症状也是比较温和。在无茎薯（*S.acaule*）无性系 OCH13823 和 13824 中也是如此[1]。

本实验中选取的 11 个品种中，底西瑞被报道过是高感品种，大西洋、布尔班克两个品种被报道过是感病品种，内薯七号、克新一号、虎头也曾被报道过对 PLRV 高抗。但在此提到的报道中，内薯七号、克新一号、虎头等品种对 PLRV 抗性的出处中并未提供具体的抗性有关的数据。而 Ummad-ud-Din Umar、C.R.Wilso 的研究所用的检测方法均为 Elisa，有研究报道，ELISA 技术在检测病毒中的灵敏度比 realtime-PCR 法低，这是本实验选用 realtime-PCR 来检测 PLRV 的原因之一。

本实验结合接毒 PLRV-ch 后植株表型上的症状和植株体内的病毒含量进行比较分析发现：所鉴定的 11 个马铃薯品种中，克新一号、东农 308 和虎头三个品种对 PLRV-ch 有较高的抗病性，其中虎头属耐病品种；内薯七号、陇薯三号及中薯 11 号对 PLRV-ch 有中等的抗病性，其中中薯 11 号有抗增殖的现象；而大西洋、底西瑞两个品种属于中感型品种，大西洋属于不耐病品种而且还有抗增殖现象；夏波蒂、费乌瑞它、布尔班克三个品种属于感病型品种，其中布尔班克也略有耐病性；克新一号和东农 308 两个品种对 PLRV-ch 有较高的抗性，两个品种的抗性机理尚不清楚，有可能与该品种的基因有关，也可能与其体内抗病防御系统有关。若本实验结果与前人研究有出入，很可能是由检测手法的不同及 PLRV 株系的不同引起的，需要进一步的验证和确认。

一般来说，病原物的侵染会使寄主植物组织细胞内发生一系列复杂的生物化学变化，以此获得对病原物的抵抗能力，植物这种对病原物侵染造成生理生化反应是由酶的催化活动来实现的。应答病原物侵染的早期反应中的两个重要信号物：氧爆发（reactive oxygen species, ROS）和一氧化氮（NO）的研究越来越多且深入。有研究证据表明它们的作用与植物细胞的过敏性死亡一致。而单独的 H_2O_2 和 NO 都无法直接引起过敏反应，必须两者结合，相互作用，才能诱导 HR 和 SAR 反应。Delledonne 及其合作者采用大豆悬浮细胞体系表明，有效的诱导 HR 需要 NO 与 ROI 的平衡 [2]。Klessig 及其合作者对 NO 在防御中起作用的证据进行了总结，也包括他们自己的工作，用 TMV 侵染烟草后，抗性烟草品种中 NO 合成酶的活性升高，而在感病品种中则没有，他们认为这种升高与病程相关蛋白诱导有关 [3]。Cui 等人的研究表明二者之间的调控顺序上，H_2O_2 是在 NO 的上游，而 NO 又能诱导保护酶活性的产生，两者间的互作属于反馈式调节 [4]。单独的过量产生都会抑制过敏反应的发生。而 SOD、POD、CAT 等作为活性氧清除酶系，对活性氧的爆发及消除过程中起着很重要的调节作用，一次通过对活性氧清除酶促反应的酶活性及其同工酶的研究更易于触及问题的本质。如通过对酶活性与植物抗病相关的深入研究，找到其中对植物抗病性其主要作用的酶，再根据这种酶蛋白的结构和功能找到调控该蛋白表达的基因，然后可运用相关生物技术对特定基因进行标记，克隆或改造，为植物抗病育种，抗病鉴定，抗病防治等提供理论依据。

本实验以抗、中抗、感三个不同抗性水平的品种为材料，进行人工接毒后对其体内抗病相关防御酶系测定发现，一氧化氮（NO）含量以及超氧化歧化酶（SOD）、过氧化物酶（POD）的活性随着 PLRV-ch 的侵染时间的延长有不同程度的提高。活性提高的时间与幅度大小因品种而异。整体而言，无论是抗病品种还是感病品种，它们的活性的增加一般都发生在接毒后的 1 ~ 8 天，过了第 8 天就开始下降。说明马铃薯受 PLRV-ch 侵染之后 1 ~ 8 天是活性氧和 NO 爆发量最大的时候。整个活性氧清除反应中 SOD 的产生是在最早的阶段，其次是 POD 和 CAT。SOD 等酶的产生有两条途径，一个是由 H_2O_2 直接诱导产生，另一个途径为 H_2O_2 先诱导 NO 的产生，接着由 NO 间接调控 SOD 等的产生，因此，以上得出的结论符合理论预测，这也正好与前面部分的结果相吻合。抗性品种克新一号、中抗品种陇薯三号受 PLRV-ch 侵染后的 1 ~ 7 天内的表型病症并没有显著的差异。感病品种夏波蒂表型上与其他两个品种相差不大，但体内的病毒含量显著高于其他两个品种。结合 SOD 和 POD 两个酶的活性测定结果分析发现，感病品种夏波蒂的活性氧清除剂 SOD 和 POD 的活性明显低于抗病品种克新一号和中抗品种陇薯三号。而第 7 ~ 15 天的检测结果表明此时的三个品种间无论是在病毒含量还是在表性症状上均有了显著的差异。感病品种夏波蒂的病毒积累速度最快，其次是中抗品种龙薯三号，抗病品种克新一号的病毒积累最慢。而在这阶段，三个马铃薯品种体内 NO 含量和 SOD、POD 的活性都开始下降，作用也并不明显，这说明防御酶在马铃薯抗 PLRV-ch 的过程中的参与是在受侵染后的 1 ~ 7 天左右。防御酶活性提高得越快越多，品种的抗性也越强，这说明马铃薯受 PLRV-ch 侵染后的初期阶段的抗性与其体内防御酶活性的变化密切相关。而防御酶的活性变化反映了活性氧的积累程度，活性氧可以单独或协同 NO，诱导系统获得性抗性，提高植物的抗病能力。因此所得结果符合理论依据。当防御酶活性开始下降了，也就是活性氧的水平达到自然平衡状态下，植物表现出来的抗性则有可能受品种本身基因的调控，如抗增殖型和系统过敏型品种（不耐病）大西洋和耐病型品种虎头和抗增殖型品种中薯 11 号等。因此，本研究中的 11 个马铃薯品种抗性情况对以后的育种和生产都会是非常有价值的理论依据。例如，大西洋既抗增殖又系统过敏型，是抗 PLRV 育种中极有价值的一个品种，因为它放大了体内病毒在植株外形上的表现，从而起到自身淘汰的作用。对于本实验中的 11 个马铃薯品种的抗性机制，结合基因和生理防御还待进一步研究。

参考文献

[1]Barker H，Harrison B D.Restricted distribution of potato leafroll virus antigen in resistant potato genotypes and its effect on transmission of the virus by aphids[J].Annals of Applied Biology，1986，109（3）：595-604.

[2]Delledonne M，Zeier J，Marocco A，et al.Signal interactions between nitric oxide and reactive oxygen intermediates in the plant hypersensitive disease resistance response[J].PNAS，2001，98（6）：13454-13459.

[3]Klessig D F.Nitric oxide and salicylic acid signaling in plant defense[J].Proceedings of the National Academy of Sciences of the United States of America，2000，97（16）：8849-8849.

[4]Cui J X，Zhou Y H，Ding J G，et al.Role of nitric oxide in hydrogen peroxide-dependent induction of abiotic stress tolerance by brassinosteroids in cucumber[J].Plant Cell and Environment，2010，34（2）：347-358.

附　录

附录 1　选用的引物探针

根据 NCBI 上登录的马铃薯病毒及类病毒基因序列进行 blast 对比，利用 ABI 公司的 Primer Express 2.0 软件，依照 TaqMan 探针设计原则：①保持 G-C 含量在 30% ~ 80%；②避免同一碱基重复过多，特别是 G 不可超过 4 个；③ 5´末端不能是 G；④尽量使探针的 C 的数量多于 G 的数量，如果不能满足，则使用互补链上的探针；⑤对于单探针反应，用 Primer Express 软件计算出来的 T_m 值应当在 68 ~ 70 ℃。

引物设计原则：①在探针确定以后再选择引物；②引物尽可能地接近探针，但是不要重叠；③保持 G-C 含量在 30% ~ 80%；④避免同一碱基重复过多，特别是 G 不可超过 4 个；⑤用 Primer Express 软件计算出来的 T_m 值应当在 58 ~ 60 ℃；⑥ 3´端的 5 个碱基中 G、C 碱基的总数不能超过 5 个。设计并选定以下引物和探针（见附表 1-1）。

附表 1-1　引物和探针

马铃薯病毒名称	引物及标记探针序列	基因序列号	基因位置	片段长度
PLRV	PF：5´ AACAGAGTTCAGCCAGTGGTTATG 3´ RF：5´ GAGGTTGTCCTTTGTAAACACGAA 3´ PROBE：5´ FAM-TCTCGCTTGAGCCTCGTCCTCGG-BHQ1 3´	NC_001747	3 780-3 929	149

续表

马铃薯病毒名称	引物及标记探针序列	基因序列号	基因位置	片段长度
PVY	PF：5´ CATAGGAGAAACTGAGATGCCAAC 3´ RF：5´ GACATTTGGCGAGGTTCCAT 3´ PROBE：5´JOE–CAATGCACCAAACCATAAGCCCATTCA-BHQ1 3´	NC_001616	8 878 ～ 8 956	79
PVX	PF：5´ GCACAACACAGGCCACAGG 3´ PR：5´ GGGATGGTGAACAGTCCTGAAG 3´ PROBE：5´JOE-TGGCAGGAGTTGCGCCTGCAGT-BHQ1 3´	NC_001455	6 799 ～ 6 889	91
PVS	PF：5´ TGCAGGTGTCATACTGAAAGTGG 3´ PR：5´ ATGATCGAGTCCAAGGGCACT 3´ PROBE：5´JOE–TCATGTGTGCAAGCGTGAGTAGCTCTGTT–BHQ1 3´	NC_007289	7 612 ～ 7 728	117
PSTVd	PF：5´ CACCCTTCCTTTCTTCGGGT 3´ PR：5´ CGGTTCTCGGGAGCTTCAG 3´ PROBE：5´ FAM-CACCGGGTAGTAGCCGAAGCGACAG–BHQ1 3´	NC_002030	181 ～ 294	114
COX	PF：5´ CGTCGCATTCCAGATTATCCA 3´ PR：5´ CAACTACGGATATATAAGAGCCAAAACTG 3´ PROBE：5´ TAMRA–TGCTTACGCTGGATGGAATGCCCT-BHQ2 3´	AF280607.1	1013 ～ 1092	79

附录 2　11 个供试马铃薯品种的介绍

品种介绍：本研究所选取的 11 个品种为我国马铃薯种植面积较大的 6 个省市的主栽品种和世界范围有较大种植面积的 5 个马铃薯品种。以下为具体的介绍：

（1）克新 1 号。克新 1 号是由黑龙江省农科院马铃薯研究所育成的中熟品种，产量高，食用品质佳，抗病性强，高度抗环腐病，较耐涝，较耐贮藏，较抗晚疫病。在黑龙江、吉林、辽宁、河北、内蒙古、山西、陕西、甘肃等省（区）和南方有些省也有种植。近三年全国种植年均面积约达 7 000 万亩（1 亩≈ 666.67 m^2）左右（育种者提供），是我国目前种植面积最大的一个品种。信息来自：中国土豆网（http：//www.chinatudou.com/），详文参考：http：/www.chinatudou.com/pzjs/zs/kx1h.htm。

（2）陇薯三号。陇薯三号是由甘肃省农业科学院粮作所以杂交育种方法选育成的高淀粉马铃薯新品种。高抗晚疫病，对花叶病具有田间抗性。产量高，薯块淀粉含量 20.09% ~ 24.25%，十分适宜淀粉加工。不仅适宜甘肃省高寒阴湿、半干旱地区推广种植，种植范围还扩大到宁夏、陕西、青海、新疆、河北、内蒙古、黑龙江等省（区）。近三年全国年均种植面积达 270 ~ 300 万亩（李金福），是甘肃省种植面积最大的一个品种。信息来自：中国土豆网（http：//www.chinatudou.com/），详文参考：http：//www.chinatudou.com/pzjs/zw/no3.html。

（3）中薯 11 号。中薯 11 号是由中国农业科学院蔬菜花卉研究所、加拿大农业部马铃薯研究中心育成。属中熟炸片专用型品种，块茎圆形，芽眼浅，还原糖含量低，高抗轻花叶病毒病，高抗重花叶病毒病。在我国河北张家口和承德市、山西大同和忻州、内蒙古呼和浩特和乌兰察布市、陕西榆林中晚熟华北一作区有种植。近三年年均种植面积约达 100 ~ 150 万亩（育种者提供）。信息来自：中国农业推广网（http：//www.farmers.org.cn/）。

（4）内薯七号。内薯七号是由内蒙古自治区呼伦贝尔市农业科学研究所育成的中熟品种。产量高，结薯多，薯形好，芽眼浅，耐贮藏，块茎淀粉含量高，高抗晚疫病，田间退化轻。适于岗坡、沙壤土、黑土等排水良好地块栽培。在我国内蒙古、黑龙江、辽宁和其他北方一季作地区种植。近三年的年均种植面积约达 100 万亩左右。信息来自：中国土豆网（http：//www.chinatudou.com/），详文参考：http：//www.chinatudou.com/pzjs/zs/ns7h.htm。

（5）东农 308。东农 308 是由东北农业大学选育的较新的马铃薯品种。产量高，形好，结薯集中，淀粉含量高，商品薯率 75%，中抗晚疫病、抗 Y 病毒。在适应区出苗至成熟生育日数 90 天左右。特征特性：中晚熟马铃薯品种；株型直立，株高 50 cm 左右，分枝中等；茎绿色，茎横断面多棱形；叶绿色，花冠白色，花药橙黄色，子房断面无色；块茎圆形，黄皮淡黄肉，芽眼中等，结薯集中，商品薯率 75%。品质分析结果：块茎干物质含量 26.5% ~ 29.9%，淀粉含量 18.1% ~ 21.3%，维生素 C 含量 12.2 ~ 20.5

mg/100 g（鲜薯），粗蛋白含量 2.18%～2.78%，还原糖含量 0.04%～0.17%。接种鉴定：中抗晚疫病、抗 Y 病毒。在适应区出苗至成熟生育日数 90 天左右。产量表现：2005—2006 年区域试验平均公顷产量 26 540.8 kg，较对照品种克新 12 号增产 11.2%；2008 年生产试验平均公顷产量 28 162.0 kg，较对照品种克新 12 号增产 27.8%。由于该品种各方面表现均良好，将来很有可能被大面积种植。因此对该品种进行 PLRV-ch 的接种鉴定，非常有长远的意义。信息来自：黑龙江省伊春市政府农业门户网站（http：//www.ycsagri.gov.cn）。

（6）费乌瑞它。费乌瑞它（荷兰薯）是一个早熟高产马铃薯品种，因其具有明显的早熟、高产优势和优良的品质，受到生产和消费者的普遍喜爱，出口港澳地区极受欢迎，是大中城市郊区种植者提早上市占领市场的一个非常理想的品种，同时，也是进入南方和东南亚市场的一个优良创汇品种。信息来自：中国土豆网（http：//www.chinatudou.com/），详文参考：http：//www.chinatudou.com/pzjs/ 费乌瑞它 .htm。

（7）夏波蒂。夏波蒂品种系加拿大育成，属中熟油炸型品种。结薯较早且集中，薯块大，长形，一般 10 cm 以上，大的超过 20 cm，白皮白肉，表皮光滑，芽眼极浅。薯块中干物质含量 19%～23%，还原糖在 0.2%左右，商品率在 80%～85%。植株抗旱不抗涝，对涝特别敏感，喜透气性强的沙壤土，喜肥，退化快，易感染晚疫病，薯块感病率高。产量水平随生产条件变幅较大，高产地块亩产 2 000～2 500 kg。信息来自：中国土豆网（http：//www.chinatudou.com/），详文参考：http：//www.chinatudou.com/pzjs/zs/xpd.htm。

（8）大西洋。大西洋是一个中熟油炸加工马铃薯品种，含有较高的干物质，适于直接进行油炸薯片加工，大西洋薯块圆形，浅黄皮白肉，芽眼深浅中等，该品种抗旱性、适应性强，产量较高，田间抗晚疫病，休眠期短，炸片后色泽很好，加工后脱色效果好，是国内外各厂家油炸薯片加工利用的主要品种。蒸食口感好、味道好、质地疏松；油炸色泽浅、口感好；烹调无色变。在世界多数国家和地区种植，我国华北、东北及中原二季作区种植。信息来自：中国土豆网（http：//www.chinatudou.com/），详文参考：http：//www.chinatudou.com/pzjs/zw/dxy.htm。

（9）布尔班克。布尔班克是由美国于 1876 年育成。生育日数：由出苗到成熟大概 105 天，花冠白色，薯形长，块茎皮黄褐色，白肉，芽眼浅，表皮较粗糙，结薯集中，淀粉含量 13.6%。感束顶及皱缩花叶，感晚疫病。具有产量高、薯形好、口感佳、含抗氧化物、适宜油炸马铃薯条的加工等特征。

是全世界性的主栽品种。信息来自：中国土豆网（http：//www.chinatudou.com/），详文参考：http：//www.chinatudou.com/pzjs/zs/bebk.htm。

（10）底西瑞。底西瑞属于中晚熟高产品种，适应性和抗旱性较强。耐贮性中上等，淀粉含量15.6%，还原糖含量＜0.4%，品质坚实，口味甜绵，商品薯率80%以上。油炸色泽较好，适于炸片生产和鲜食。在马铃薯消费市场上因其品质优良和块茎大小整齐一致、芽眼浅和漂亮的薯形，受到消费者的极大欢迎。适于旱地种植。全世界多数国家和地区均有种植。适合我国华北、西北干旱地区一季作栽培品种。信息来自：中国土豆网（http：//www.chinatudou.com/），详文参考：http：//www.chinatudou.com/pzjs/index.htm。

（11）虎头。虎头是由河北省张家口地区坝上农业科学研究所育成的品种。具有产量高、适应性广、耐贮藏、食味好，淀粉含量高、耐退化、较抗病，抗旱耐瘠薄等优点。块茎扁圆形，薯皮白黄色，薯肉淡黄色，薯皮较粗糙，芽眼较深。块茎顶部凹下且较深，是本品种最主要的特征，结薯较集中。它的育成解决了我国马铃薯栽培品种中影响产量低的一些问题。是河北省的主栽品种，近几年的种植面积无具体的调查数据。信息来自：中国土豆网（http：//www.chinatudou.com/），详文参考：http：//www.chinatudou.com/pzjs/index.htm。

附录3　酶活性测定说明书

一、一氧化氮试剂盒说明书（硝酸还原酶法）

（一）测定意义

NO化学性质活泼，体内代谢转化为硝酸盐（NO_3^-）和亚硝酸盐（NO_2^-），血清中硝酸盐（NO_3^-）与亚硝酸盐（NO_2^-）的浓度之和才能准确代表体内NO水平。血清NO含量测定，国内有的单位采用金属镉还原法，但该法操作烦琐（血清需除蛋白），反应不易控制（金属镉可将NO_2^-进一步还原），且不能完全将NO_3^-还原为NO_2^-，准确性差。

本测试法为一种灵敏、简便、快速、稳定、易推广的方法。

（二）测定原理

NO 化学性质活泼，在体内代谢很快转为 NO_2^- 和 NO_3^-，而 NO_2^- 又进一步转化为 NO_3^-，本法利用硝酸还原酶特异性将 NO_3^- 还原为 NO_2^-，通过显色深浅测定其浓度的高低（见附表 3-1）。

附表 3-1　一氧化氮试剂盒测定

试剂	空白管	标准管	测定管
双蒸水 /mL	0.1		
100 μmol/L 标准应用液 /mL		0.1	
样本 /mL			0.1
混合试剂 /mL	0.4	0.4	0.4
混匀，37 ℃准确水浴 60 min。			
试剂三 /mL	0.2	0.2	0.2
试剂四 /mL	0.1	0.1	0.1
充分旋涡混匀 30 s，室温静置 40 min，3 500 ～ 4 000 r/min，离心 10 min，取上清显色。			
上清 /mL	0.5	0.5	0.5
显色剂 /mL	0.6	0.6	0.6

混匀，室温静置 10 min，蒸馏水调零，550 nm、0.5 cm 光径测各管吸光度值。

（三）计算公式

$$\frac{\text{NO含量}}{(\mu\text{mol/L})}=\frac{\text{测定管吸光度}-\text{空白管吸光度}}{\text{标准管吸光度}-\text{空白管吸光度}}\times\frac{\text{标准品浓度}}{(100\ \mu\text{mol/L})}\times\text{样品测试前稀释倍数}$$

二、总超氧化物歧化酶（T-SOD）测试盒

（一）测定意义

超氧化物歧化酶（SOD）对机体的氧化与抗氧化平衡起着至关重要的作用，此酶能清除超氧阴离子自由基保护细胞免受损伤。

（二）测定原理

通过黄嘌呤及黄嘌呤氧化酶反应系统产生超氧阴离子自由基，后者氧化羟胺形成亚硝酸盐，在显色剂的作用下呈现紫红色，用可见光分光光度计测其吸光度。当被测样品中含SOD时，则对超氧阴离子自由基有专一性的抑制作用，使形成的亚硝酸盐减少，比色时测定管的吸光度值低于对照管的吸光度值，通过公式计算可求出被测样品中的SOD活力。高等动物细胞内只有两种SOD，即铜锌-SOD（CuZn-SOD）与锰-SOD（Mn-SOD），低等动物、单细胞生物及植物中除了铜锌-SOD（CuZn-SOD）与锰-SOD（Mn-SOD），还有铁-SOD（Fe-SOD）。通过测定T-SOD、Mn-SOD、CuZn-SOD、Fe-SOD，可以计算出各分型SOD的活力。

（三）操作步骤

总SOD（T-SOD）活力的测定见附表3-2。

附表3-2　总SOD（T-SOD）活力的测定

试剂	测定管	对照管
试剂一/mL	1.0	1.0
样品/mL	a★	
蒸馏水/mL		a★
试剂二/mL	0.1	0.1
试剂三/mL	0.1	0.1
试剂四/mL	0.1	0.1
用旋涡混匀器充分混匀，置37 ℃恒温水浴或气浴40 min。		
显色剂/mL	2	2

混匀，室温放置10 min，于波长550 nm处，1 cm光径比色杯，蒸馏水调零，比色。

（四）计算公式

$$\text{总SOD活力}(\text{U/mgprot})=\frac{\text{对照管吸光度}-\text{测定管吸光度}}{\text{对照管吸光度}}\div 50\%\times\frac{\text{反应总体积取样量}}{(\text{mL})}\div\frac{\text{待测样本蛋白浓度}}{(\text{mgprot/mL})}$$

注：mgprot 为毫克蛋白数。

三、植物中过氧化物酶（POD）测定试剂盒说明书

（一）测定原理

利用过氧化物酶（POD）催化过氧化氢反应的原理，通过测定 420 nm 处吸光度的变化得出其酶活性。

（二）操作步骤

植物组织匀浆的制备：准确称取植物组织重量，按照质量体积比（g/mL）1 ∶ 9 加入生理盐水，制备成 10% 的组织匀浆，2 500 r/min 离心 10 min 后，取上清进行测定（见附表 3-3）。

附表 3-3　植物组织匀浆的制备

试剂	测定管	对照管
试剂一 /mL	2.4	2.4
试剂二应用液 /mL	0.3	0.3
试剂三应用液 /mL	0.2	
双蒸水 /mL		0.2
样本 /mL	0.1	0.1
37 ℃水浴准确反应 30 min		
试剂四 /mL	1.0	1.0

混匀后，3 500 r/min 分离心 10 min，取上清于 420 nm 处，1 cm 光径，双蒸水调零，测定 OD。

（三）计算公式

$$\text{POD活力}(\text{U/mgprot})=\frac{\text{测定OD}-\text{对照OD}}{12\times\text{比色光径}(1.0\ \text{cm})}\times\frac{\text{反应总体积}(\text{mL})}{\text{样本量}(\text{mL})}\div\frac{\text{反应时间}}{(30\ \text{min})}\div\frac{10\%\text{组织匀浆蛋白浓度}}{(\text{mg/mL})}\times 1\,000$$

四、过氧化氢酶（CAT）测定试剂盒

（一）测定原理

过氧化氢酶（CAT）分解 H_2O_2 的反应可通过加入钼酸铵而迅速中止，剩余的 H_2O_2 与钼酸铵作用产生一种淡黄色的络合物，在 405 nm 处测定其生成量，可计算出 CAT 的活力。

（二）组织匀浆的检测步骤

组织匀浆的制备：准确称取组织重量，加 9 倍生理盐水制成 10%的组织匀浆，2 500 r/min 分离心 10 min，取上清，再用生理盐水稀释成最佳取样浓度，待测（最佳取样浓度摸索见附录）。

（三）操作表

浓度测定（见附表 3-4）。

附表 3-4　浓度测定

试剂	对照管	测定管
组织匀浆 /mL		0.05
试剂一（37 ℃预温）/mL	1.0	1.0
试剂二（37 ℃预温）/mL	0.1	0.1
混匀，37 ℃准确反应 1 min		
试剂三 /mL	1.0	1.0
试剂四 /mL	0.1	0.1
组织匀浆 /mL	0.05	

混匀，0.5 cm 光径，405 nm 处，蒸馏水调零，测各管吸光度。

（四）计算公式

$$\underset{\text{(U/mgprot)}}{\text{组织匀浆中CAT活力}} = (\text{对照管OD值-测定管OD值}) \times 271^{*} \times \frac{1}{60 \times \text{取样量}} \div \underset{\text{(mgprot / mL)}}{\text{待测样本匀浆蛋白浓度}}$$

五、微量丙二醛（MDA）测定试剂盒说明书

本试剂盒是在原 MDA 试剂盒针对一些含量特少的样本（比如培养细胞及细胞上清）测试效果不是太好的基础上改进的一种更为灵敏、简便的测试方法。

（一）丙二醛测定的测定意义

机体通过酶系统与非酶系统产生氧自由基，后者能攻击生物膜中的多不饱和脂肪酸（polyunsaturated fatty acid，PUFA），引发脂质过氧化作用，并因此形成脂质过氧化物，如醛基（丙二醛 MDA）、酮基、羟基、羰基、氢过氧基或内过氧基，以及新的氧自由基等。脂质过氧化作用不仅能把活性氧转化成活性化学剂，即非自由基性的脂类分解产物，还能通过链式或链式支链反应放大活性氧的作用。因此，初始的一个活性氧能导致很多脂类分解产物的形成，这些分解产物中，一些是无害的，另一些则能引起细胞代谢及功能障碍，甚至死亡。氧自由基不但能通过生物膜中多不饱和脂肪酸（PUFA）的过氧化引起细胞损伤，而且能通过脂氢过氧化物的分解产物引起细胞损伤。因而测试 MDA 的量常常可反映机体内脂质过氧化的程度，间接地反映出细胞损伤的程度。

MDA 的测定常常与 SOD 的测定相互配合，SOD 活力的高低间接反映了机体清除氧自由基的能力，而 MDA 的高低又间接反映了机体细胞受自由基攻击的严重程度，通过 SOD 与 MDA 的结果分析有助于医学、生物学、药理学及工农业生产的发展。

（二）MDA 试剂盒测试原理

过氧化脂质降解产物中的丙二醛（MDA）可与硫代巴比妥酸（TBA）缩合，形成红色产物，在 532 nm 处有最大吸收峰。

（三）操作表

丙二醛测定（见附表 3–5）。

附表 3-5 丙二醛测定

试剂	标准管	标准空白管	测定管	测定空白管 **
10 nmol/mL 标准品 /mL	a★			
无水乙醇 /mL		a★		
测试样品 /mL			a★	a★
测定管混合试剂 /mL	4	4	4	
对照管混合试剂 /mL				4

注：“a★”表示所取的样品量、标准品量、无水乙醇的量、试剂一的量，四者均相等。例如样品取 0.1 mL 则标准品、无水乙醇、试剂一也取 0.1 mL，若样品取 0.2 mL 则标准品、无水乙醇及试剂一也取 0.2 mL。因吸光度与加样量成正比，因而结果不受影响。“★★”表示每个样本都需要测定空白管。

旋涡混匀器混匀，试管口用保鲜薄膜扎紧，用针头刺一小孔，95 ℃水浴（或用锅开盖煮沸）40 min，取出后流水冷却，532 nm 处，1 cm 光径，蒸馏水调零，测各管吸光度值。

（四）计算公式

$$\frac{\text{MDA含量}}{(\text{nmol/mgprot})}=\frac{\text{测定管吸光度}-\text{测定空白管吸光度}}{\text{标准管吸光度}-\text{标准空白管吸光度}}\times\frac{\text{标准品浓度}}{(100\ \text{nmol/mL})}\times\frac{\text{蛋白含量}}{(\text{mgprot/mL})}$$

注：nmol/mgprot 为纳摩尔 / 毫克蛋白。

六、考马斯亮蓝法蛋白定量试剂盒

（一）测定原理

考马斯亮蓝法（Bradford 法）是目前灵敏度最高的蛋白质测定法之一。考马斯亮蓝 G-250 染料在酸性溶液中与蛋白质结合，使染料的最大吸收峰由 465 nm 变为 595 nm，溶液的颜色也由棕黑色变为蓝色。在 595 nm 下测定的

吸光度值 A_{595} 与蛋白质浓度成正比。

（二）操作步骤

第一步，从冰箱取出考马斯亮蓝溶液，平衡至室温并混匀；预热分光光度计或酶标仪 20 min。

第二步，以分光光度计测；准备 9 支管，分别编号，按顺序加样（见附表 3–6）。

附表 3–6 编号加样

编号	1	2	3	4	8	6	7	8	9
去离子水	100	90	80	60	40	20	0		
蛋白标准水	0	10	20	40	60	80	100		
样品 / μL								100	100
考马斯亮蓝溶液 /mL	3	3	3	3	3	3	3	3	3
混匀、2 ~ 5 min 后，以第一号试管为空白对照 595 nm，测定各样品收值 A_{595}，样品管 8、9 取平均值									
相当浓度 /（mg/mL）	0	0.1	0.2	0.4	0.6	0.8	1.0		

注：样品和试剂比可以按比例放大或缩小。

微孔检测时，可以按比例缩小，但总体积不小于 100 μL。

性能指标：在 20 ~ 1 200 μg/mL 有着比较好的线性。当吸光度大于 0.8 时，需把样本稀释后再做。

附录 4　脱毒材料的病毒检测结果

脱毒材料的病毒检测结果如下（见附图 4-1）。

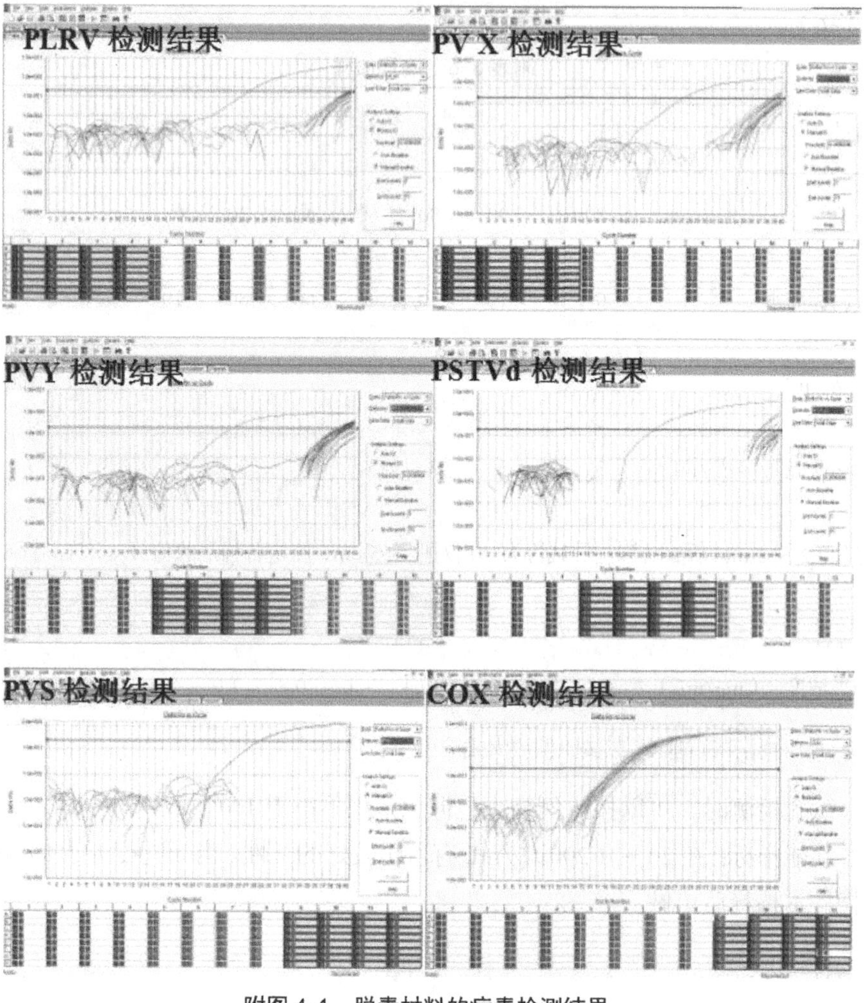

附图 4-1　脱毒材料的病毒检测结果

附录 5　11 个马铃薯品种未接毒 PLRV-ch 的对照感病表现

11 个马铃薯品种未接毒 PLRV-ch 的对照感病表现如下（见附表 5-1 和附表 5-2）。

附表 5-1　经无毒桃蚜饲食后的 11 个马铃薯品种感病表现

品种	7 天	15 天	25 天	35 天
大西洋	0.00±0.00	0.00±0.00	0.00±0.00	0.00±0.00
东农 308	0.00±0.00	0.00±0.00	0.00±0.00	0.00±0.00
克新一号	0.00±0.00	0.00±0.00	0.00±0.00	0.00±0.00
底西瑞	0.00±0.00	0.00±0.00	0.00±0.00	0.33±0.13
陇薯三号	0.00±0.00	0.00±0.00	0.00±0.00	0.00±0.00
费乌瑞它	0.00±0.00	0.00±0.00	0.00±0.00	0.00±0.00
布尔班克	0.00±0.00	0.00±0.00	0.00±0.00	0.77±0.22
内薯七号	0.00±0.00	0.00±0.00	0.00±0.00	0.00±0.00
夏波蒂	0.00±0.00	0.00±0.00	0.00±0.00	0.00±0.00

附表 5-2　11 个马铃薯品种健康成长的植株感病表现

品种	7 天	15 天	25 天	35 天
大西洋	0.00±0.00	0.00±0.00	0.00±0.00	0.44±0.1
东农 308	0.00±0.00	0.00±0.00	0.00±0.00	0.00±0.00
克新一号	0.00±0.00	0.00±0.00	0.00±0.00	0.00±0.00
底西瑞	0.00±0.00	0.00±0.00	0.00±0.00	0.00±0.00
陇薯三号	0.00±0.00	0.00±0.00	0.00±0.00	0.00±0.00
费乌瑞它	0.00±0.00	0.00±0.00	0.00±0.00	0.00±0.00
布尔班克	0.00±0.00	0.00±0.00	0.00±0.00	0.00±0.00
内薯七号	0.00±0.00	0.00±0.00	0.00±0.00	0.90±0.13
夏波蒂	0.00±0.00	0.00±0.00	0.00±0.00	0.67±0.00

附录 6　11 个马铃薯品种接种 PLRV-ch 后 realtime -PCR 检测结果

11 个马铃薯品种接种 PLRV-ch 后 realtime-PCR 检测结果如下（见附表 6-1 ~附表 6-8）。a ~ f 表示统计学 5% 显著水平，A ~ F 表示 1% 显著水平（显著性差异字母标记法：首先将全部平均数从大到小依次排列，然后在最大的平均数上标上字母 a；并将该平均数与以下各平均数相比，凡相差不显著的，都标上字母 a，直至某一个与之相差显著的平均数，标记字母 b；再以该标有 b 的该平均数为标准，与上方各个比它大的平均数比较，凡不显著的也一律标以字母 b；再以标有 b 的最大平均数为标准，与以下各未标记的平均数比，凡不显著的继续标以字母 b，直至遇到某一个与其差异显著的平均数标记 c。凡有一个相同标记字母的即为差异不显著，凡具不同标记字母的即为差异显著）。

附表 6-1　11 个马铃薯品种接种 PLRV-ch 后第 7 天的体内病毒含量检测结果

品种	均值	标准误差	5% 显著水平	1% 极显著水
夏波蒂	803.71*	23.12	a	A
中薯 11 号	421.30	25.41	ab	B
大西洋	368.30	20.48	b	B
底西瑞	284.08	20.32	b	B
布尔班克	276.85	48.03	b	B
虎头	234.96	10.18	b	B
费乌瑞它	233.87	12.00	b	B
东农 308	221.27	5.13	b	B
陇薯三号	211.54	2.66	b	B
内薯七号	209.65	7.51	b	B
克新一号	195.89	16.47	b	B

注：“*”数据为 PLRV-ch 拷贝数。

附表 6-2 11 个马铃薯品种无毒桃蚜饲食后（CK1）第 7 天和健康的植株（CK2）的 realtime-PCR 检测结果

品种	均值	标准误差	5%显著水平	1%极显著水平
夏波蒂 CK1	1.40	0.17	a	A
夏波蒂 CK2	1.58	0.19	a	A
中薯 11 号 CK1	1.16	0.02	a	A
中薯 11 号 CK2	1.27	0.04	a	A
大西洋 CK1	1.18	0.04	a	A
大西洋 CK2	1.34	0.12	a	A
底西瑞 CK1	1.19	0	a	A
底西瑞 CK2	1.48	0.24	a	A
布尔班克 CK1	2.14	0.20	a	A
布尔班克 CK2	2.73	0.10	a	A
虎头 CK1	1.36	0.13	a	A
虎头 CK2	2.13	0.18	a	A
费乌瑞它 CK1	1.69	0.23	a	A
费乌瑞它 CK2	1.13	0.05	a	A
东农 308 CK1	1.19	0	a	A
东农 308 CK2	1.19	0	a	A
陇薯三号 CK1	1.19	0	a	A
陇薯三号 CK2	1.19	0	a	A
内薯七号 CK1	1.19	0	a	A
内薯七号 CK2	1.19	0	a	A
克新一号 CK1	1.49	0.24	a	A
克新一号 CK2	1.19	0	a	A

附表 6-3　11 个马铃薯品种接种 PLRV-ch 后第 15 天的体内病毒含量检测结果

品种	均值	标准误差	5%显著水平	1%极显著水平
夏波蒂	3 198.04*	96.62	a	A
大西洋	2 630.24	105.50	b	B
布尔班克	1 622.19	28.14	c	C
虎头	1 302.01	107.22	d	C
底西瑞	840.10	150.24	e	D
费乌瑞它	755.62	6.08	e	D
克新一号	633.32	13.81	ef	DE
东农 308	440.42	125.35	fg	DEF
陇薯三号	282.38	147.75	gh	EF
内薯七号	231.77	55.97	gh	EF
中薯 11 号	205.04	36.69	gh	F

注：“*”数据为 PLRV-ch 拷贝数。

附表 6-4　11 个马铃薯品种无毒桃蚜饲食后（CK1）第 15 天和健康的植株（CK2）的体内病毒含量检测结果

品种	均值	标准误	5%显著水平	1%极显著水平
夏波蒂 CK1	1.49*	0.24	a	A
夏波蒂 CK2	1.19	0	a	A
大西洋 CK1	2.16	0.25	a	A
大西洋 CK2	1.27	0.04	a	A
布尔班克 CK1	2.18	0.03	a	A
布尔班克 CK2	1.34	0.12	a	A
虎头 CK1	1.19	0	a	A
虎头 CK2	1.48	0.24	a	A
底西瑞 CK1	2.14	0.20	a	A

续表

品种	均值	标准误	5%显著水平	1%极显著水平
底西瑞 CK2	2.73	0.10	a	A
费乌瑞它 CK1	1.36	0.13	a	A
费乌瑞它 CK2	2.13	0.18	a	A
克新一号	1.69	0.23	a	A
克新一号 CK1	1.13	0.05	a	A
东农 308 CK1	1.19	0	a	A
东农 308 CK2	2.19	0.06	a	A
陇薯三号	1.19	0	a	A
陇薯三号 CK1	2.19	0.07	a	A
内薯七号 CK1	1.40	0.16	a	A
内薯七号 CK2	1.57	0.18	a	A
中薯 11 号 CK1	2.19	0.06	a	A
中薯 11 号 CK2	1.95	0.07	a	A

注："*"数据为 PLRV-ch 拷贝数。

附表 6-5 11 个马铃薯品种接种 PLRV-ch 后第 25 天的体内病毒含量检测结果

品种	均值	标准误差	5%显著水平	1%极显著水平
夏波蒂	19 134.1*	1 885.54	a	A
底西瑞	16 619.81	5 113.92	ab	A
布尔班克	14 320.64	480.45	ab	A
大西洋	11 232.79	10 075.79	ab	AB
中薯 11 号	9 096.90	33 233.54	bc	AB
费乌瑞它	3 098.66	255.26	cd	B
内薯七号	2 789.44	323.74	cd	B

续表

品种	均值	标准误差	5%显著水平	1%极显著水平
陇薯三号	2 236.27	613.30	cd	B
东农 308	2 126.73	292.45	cd	B
虎头	1 989.50	373.39	cd	B
克新一号	1 403.28	158.56	d	B

注："*"数据为 PLRV-ch 拷贝数。

附表 6-6　11 个马铃薯品种无毒桃蚜饲食后（CK1）第 25 天和健康的植株（CK2）的体内病毒含量检测结果

品种	均值	标准误差	5%显著水平	1%极显著水平
夏波蒂 CK1	57.52*	13.03	a	A
夏波蒂 CK2	46.76	12.01	a	A
中薯 11 号 CK1	67.21	6.89	a	A
中薯 11 号 CK2	33.87	12.22	a	A
大西洋 CK1	43.45	11.98	a	A
大西洋 CK2	50.40	16.05	a	A
底西瑞 CK1	58.93	14.63	a	A
底西瑞 CK2	49.12	13.99	a	A
布尔班克 CK1	10.05	5.04	a	A
布尔班克 CK2	44.57	7.52	a	A
虎头 CK1	35.77	8.82	a	A
虎头 CK2	27.72	4.19	a	A
费乌瑞它 CK1	79.85	14.20	a	A
费乌瑞它 CK2	28.31	6.44	a	A
东农 308 CK1	57.79	16.41	a	A
东农 308 CK2	47.75	16.27	a	A
陇薯三号 CK1	31.97	11.31	a	A

续表

品种	均值	标准误差	5%显著水平	1%极显著水平
陇薯三号 CK2	35.12	10.25	a	A
内薯七号 CK1	35.44	10.70	a	A
内薯七号 CK2	33.81	10.22	a	A
克新一号 CK1	32.32	11.22	a	A
克新一号 CK2	33.21	13.95	a	A

注： “*” 数据为 PLRV-ch 拷贝数。

附表 6-7 11 个马铃薯品种接种 PLRV-ch 后第 35 天的体内病毒含量检测结果

品种	均值	标准误差	5%显著水平	1%极显著水平
夏波蒂	1 320 476.9[a]	1 930.7	a	A
底西瑞	79 377.81	1 767.31	d	C
布尔班克	617 725.56	5 034.41	b	B
大西洋	50 115.43	3 319.2	d	C
中薯 11 号	48 148.23	234.25	d	C
费乌瑞它	399 012.68	466.897 4	c	B
内薯七号	12 216.80	635.14	d	C
陇薯三号	22 114.98	305.33	d	C
东农 308	5 095.73	299.05	e	C
虎头	4 723.54	385.67	e	C
克新一号	2 355.76	157.69	e	C

注： “*” 数据为 PLRV-ch 拷贝数。

附表 6-8 11 个马铃薯品种无毒桃蚜饲食后（CK1）第 35 天和健康的植株（CK2）体内病毒含量检测结果

品种	均值	标准误差	5%显著水平	1%极显著水平
夏波蒂 CK1	53.00*	37.78	a	A
夏波蒂 CK2	31.03	16.47	a	A

续表

品种	均值	标准误差	5%显著水平	1%极显著水平
中薯 11 号 CK1	21.44	9.66	a	A
中薯 11 号 CK2	55.37	11.78	a	A
大西洋 CK1	46.49	13.84	a	A
大西洋 CK2	51.37	12.07	a	A
底西瑞 CK1	62.81	42.16	a	A
底西瑞 CK2	46.84	15.14	a	A
布尔班克 CK1	58.50	24.85	a	A
布尔班克 CK2	53.68	14.33	a	A
虎头 CK1	37.44	12.48	a	A
虎头 CK2	53.95	14.79	a	A
费乌瑞它 CK1	61.98	21.78	a	A
费乌瑞它 CK2	60.15	25.25	a	A
东农 308 CK1	23.41	11.81	a	A
东农 308 CK2	52.94	14.06	a	A
陇薯三号 CK1	44.78	12.97	a	A
陇薯三号 CK2	62.99	26.11	a	A
内薯七号 CK1	22.38	5.47	a	A
内薯七号 CK2	37.68	11.62	a	A
克新一号 CK1	55.88	13.27	a	A
克新一号 CK2	46.71	7.85	a	A

注：“*”数据为 PLRV-ch 拷贝数。

附录 7 抗病相关保护酶的测定结果

抗病相关保护酶的测定结果如下（见附表 7-1 ~附表 7-5）。

附表 7-1 NO 含量测定结果

样品	1 天		3 天		5 天		8 天		11 天		14 天	
	均值	标准差	均值	标准差	均值	标准差	均值	标准差	均值	标准差	均值	标准差
克新一号	1.7a	0.29	1.9a	0.22	2.5a	0.08	2.7b	0.08	2.6a	0.36	2.4a	0.26
对照	1.6a	0.02	1.4b	0.03	1.5b	0.21	1.4c	0.05	1.5b	0.30	1.6b	0.23
陇薯三号	1.5a	0.54	1.9a	0.04	2.3a	0.01	3.1a	0.13	1.9b	0.24	2.3a	0.24
对照	1.3a	0.12	1.25b	0.04	1.3b	0.06	1.1c	0.19	1.1c	0.25	1.2b	0.34
夏波地	1.7a	0.03	1.8a	0.08	2.4a	0.09	2.3b	0.03	2.9a	0.06	2.5a	0.36
对照	1.5a	0.36	1.2b	0.02	1.2b	0.26	1.4c	0.26	1.2c	0.22	1.3b	0.17

注：“a” 表示接毒 PLRV-ch 的马铃薯品种；“b” 表示经无毒桃蚜饲食过的马铃薯植株。

附表 7-2 SOD 活性测定结果

样品	1 天		2 天		3 天		5 天		8 天		11 天	
	均值	标准差	均值	标准差	均值	标准差	均值	标准差	均值	标准差	均值	标准差
克新一号	27.2a	2.9	38.4a	2.0	46.3a	0.8	38.6a	1.1	37.7b	0.8	30a	0.20
对照	30.7a	2.78	31.3b	0.83	26.4c	0.59	31.2b	0.44	32.2b	1.24	29a	0.88
陇薯三号	25.6a	1.48	32.4b	0.93	48.6a	1.63	40.7a	0.59	44.3a	3.12	38.5a	1.95
对照	22.6b	0.75	23.6c	2.27	25.7c	1.43	23.2c	0.73	26.5c	1.04	25.2b	1.37
夏波地	24.6a	1.80	29.4b	0.44	35.4b	1.05	39.6a	0.80	47.7a	3.32	35.2a	2.00
对照	23.5a	0.76	26.3b	0.34	21.5c	1.41	26.3c	1.36	21.4c	2.54	22.3b	2.00

注：“a” 表示接毒 PLRV-ch 的马铃薯品种；“b” 表示经无毒桃蚜饲食过的马铃薯植株。

附表 7-3　POD 活性测定结果

品种	1 天		3 天		5 天		8 天		11 天		14 天	
	均值	标准差	均值	标准差	均值	标准差	均值	标准差	均值	标准差	均值	标准差
克新一号	40.8a	1.2	50.9a	2.3	65.9a	3 .2	76.5a	2.3	50.4a	0.8	60.4a	3.6
对照	34.1b	1.8	31.3b	5.2	33.4b	1.5	37.2c	1.9	39.5b	1.6	33.5b	2.8
陇薯三号	32.3b	1.2	54.3a	1.1	60.2a	1.6	69.1a	5.1	50.5a	3.9	52.4a	4.6
对照	30.2b	0.9	32.3b	0.6	28.3b	2.2	34.4c	0.4	31.4b	1.2	28.4c	1.3
夏波地	25.4b	2.6	30.1b	3.8	58.2a	3.3	46.3b	3.4	59.1a	2.4	48.7a	8.4
对照	28.6b	1.4	38.3b	0.9	34.1b	1.2	28.3 d	1.5	36.2b	2.5	24.5c	2.9

注：“a”表示接毒 PLRV-ch 的马铃薯品种；“b”表示经无毒桃蚜饲食过的马铃薯植株。

附表 7-4　CAT 活性测定结果

品种	1 天		3 天		5 天		8 天		11 天		14 天	
	均值	标准差	均值	标准差	均值	标准差	均值	标准差	均值	标准差	均值	标准差
克新一号	27a	0.95	29a	0.95	28a	0.15	34a	0.95	28a	0.47	24a	1.27
对照	31.1a	0.46	29.5a	0.63	31.9a	1.59	30.5a	0.63	29.52a	2.07	29.3a	0.47
陇薯三号	29.4a	0.95	31.4a	0.63	28.4a	0.95	22.3b	1.11	28.0a	1.11	32.5a	0.31
对照	32.5a	0.638	30.9a	0.31	30.3a	0.95	29.9a	0.79	31.9a	0.95	31.7a	1.75
夏波地	33.5a	0.31	28.1a	0.79	27.6a	1.59	28.8a	0.63	25.2b	3.83	31.4a	1.11
对照	33.6a	1.27	32.0a	1.43	30.4a	0.15	33.0a	0.47	30.0a	1.11	32.8a	0.31

注：“a”表示接毒 PLRV-ch 的马铃薯品种；“b”表示经无毒桃蚜饲食过的马铃薯植株。

附表 7-5　MDA 活性测定结果

品种	1 天		3 天		5 天		8 天		11 天		14 天	
	均值	标准差	均值	标准差	均值	标准差	均值	标准差	均值	标准差	均值	标准差
克新一号	1.5a	0.32	1.4a	0.24	1.5a	0.24	1.7a	0.07	1.1b	0.26	1.4b	0.18
对照	1.2a	0.256	1.3a	0.49	1.3a	0.40	1.4a	0.13	1.3a	0.14	1.2b	0.06
陇薯三号	1.1a	0.024	1.2a	0.23	1.5a	0.08	1.5a	0.086	1.9a	0.323	1.3b	0.526
对照	1.1a	0.25	1.2a	0.397	1.3a	0.167	1.6a	0.10	1.3ab	0.098	1.5ab	0.118
夏波地	1.4a	0.33	1.6a	0.11	1.7a	0.024	1.6a	0.044	1.5a	0.20	1.8a	0.158
对照	1.1a	0.051	1.6a	0.24	1.4a	0.22	1.4a	0.29	1.6a	0.02	1.4b	0.166

注：“a”表示接毒 PLRV-ch 的马铃薯品种；“b”表示经无毒桃蚜饲食过的马铃薯植株。

附录 8 培养基配方

一、LB 培养基

酵母提取物 5 g，蛋白胨 10 g，NaCl 5 g，琼脂 20 g，无菌水 1 000 mL，pH=7.4 ~ 7.6，101.33 kPa 处理 25 min。

二、MS 培养基

（一）母液的配制

母液是欲配制培养基的浓缩液，一般配成比所需浓度高 10 ~ 100 倍的溶液。

1. MS 大量元素母液（10×）

称 10 升量药品溶解在 1 L 蒸馏水中。配 1 L 培养基，取母液 100 mL。

化学药品	1升量	10 升量
NH_4NO_3	1 650 mg	16.5 g
KNO_3	1 900 mg	19.0 g
$CaCl_2 \cdot 2H_2O$	440 mg	4.4 g
$MgSO_4 \cdot 7H_2O$	370 mg	37 g
KH_2PO_4	170 mg/L	37 g

2. MS 微量元素母液（100×）

称 10 升量药品溶解在 100mL 蒸馏水中。配 1 L 培养基，取母液 10 mL。

化学药品	1升量	10 升量
$MnSO_4 \cdot 4H_2O$	223 mg	223 mg
ZnSO4 · $7H_2O$	8.6 mg	86 mg
$CaCl_2 \cdot 6H_2O$	0.025 mg	0.25 mg
$CuSO_4 \cdot 5H_2O$	0.025 mg	0.25 mg

续表

化学药品	1升量	10 升量
$Na_2MoO_4 \cdot 2H_2O$	0.25 mg	2.5 mg
KI	0.83 mg	83 mg
H_3BO_3	62 mg	62 mg

注意：$CaCl_2 \cdot 6H_2O$ 和 $CuSO4 \cdot 5H_2O$ 按 10 倍量（0.25 mg×10=2.5 mg）或 100 倍量（25 mg）称取后，定容于 100 mL 水中，每次取 10 ml 或 1 mL（即含 0.25 mg 的量）加入母液中。

3. MS 铁盐母液（100×）

称 10 升量药品溶解在 100 mL 蒸馏水中。配 1 L 培养基，取母液 10 mL。

化学药品	1升量	10 升量
$Na_2 \cdot EDTA$	37.3 mg	373 mg
$FeSO_4 \cdot 7H_2O$	27.8 mg	278 mg

注意：配制时应将两种成分分别溶解在少量蒸馏水中，其中 EDTA 盐较难完全溶解，可适当加热。混合时，先取一种于烧杯中，然后将另一种成分边加边震荡，最后定容，保存在棕色试剂瓶中。

4. MS 有机物母液（100×）

称 10 升量药品溶解在 100 mL 蒸馏水中。配 1 L 培养基，取母液 10mL。

化学药品	1升量	10 升量
烟酸	0.5 mg	5 mg
盐酸吡哆素（VB6）	0.5 mg	5 mg
盐酸硫胺素（VB1）	0.5 mg	5 mg
肌醇	100 mg	1 g
甘氨酸	2 mg	20 mg

5. 生长调节剂

单独配制，浓度为 1 ~ 5 mg/mL，一般配成 4 mg/mL。

配制培养基母液时的注意事项：

（1）一些离子易发生沉淀，可先用少量蒸馏水溶解，再按配方顺序依次混合。

（2）配制母液时必须用蒸馏水或重蒸馏水。

（3）药品应用化学纯或分析纯。

（4）溶解生长素时，可用少量 0.5 ~ 1 mol/L 的 NaOH 或 95% 乙醇溶解。溶解分裂素类，用 0.5 ~ 1 mol/L 的 HCl 加热溶解。

（二）母液的保存

（1）装瓶将配制好的母液分别装入试剂瓶中，贴好标签，注明各培养基母液的名称、浓缩倍数、日期。注意将易分解、氧化的溶液放入棕色瓶中保存。

（2）贮藏 4 ℃贮藏。

附录 9　实验相关试剂、仪器

一、实验相关试剂

名称	厂家	货号
RNAiso Plus	TAKARA	D9108A
RNAiso-mate for Plant Tissue	TAKARA	D325S
Reverse Transcriptase M-MLV（Rnase H）	TAKARA	D2639A
PrimeScript RT reagent kit（Perfect）	TAKARA	DRR037A
dNTP Mixture	TAKARA	D9108A
DNA Marker DL2 000	TAKARA	D501A
Cloned Ribonuclease inhibitor	TAKARA	D2313A
Hexadeoxyribonucleotide mixture；pd（N）6	TAKARA	D3801
SOD 试剂盒	南京建成	A001-1
微量丙二醛（MDA）测试盒	南京建成	A003-2
POD 试剂盒（植物）	南京建成	A084-3
CAT 可见光试剂盒（过氧化氢酶）	南京建成	A007-2
NO 试剂盒 A012	南京建成	A007-2

续表

名称	厂家	货号
质粒小提试剂盒	天根生化科技	DP103-02
阿维·吡虫啉	大地丰农药	

二、实验相关仪器

超净工作台通风橱、电泳仪、凝胶成像仪、Nanodrop 细胞破碎仪、273 型分光光度机、4 ℃离心机、ABI 7300 realtime-PCR 仪、普通 PCR 仪恒温水浴锅、烘干箱、光照培养箱、光照培养架、温湿度计、Broyeur de cellules（Prcellys 24）细胞破碎仪、空调。

附录 10　缩略词

英文缩写	英文名称	中文名称
PLRV	potato leaf roll virus	马铃薯卷叶病
OH	hydroxyl	羟自由基
℃	degree centigrade	摄氏度
Ca	calcium	钙
CAT	catalase	过氧化氢酶
cm	centimeter	厘米
Cu/Zn-SOD	Cu/Zn-Superoxide dismutase	铜锌 -SOD
d	day	天
FW	fresh weight	鲜重
h	hour	小时
H_2O_2	peroxide hydrogen	过氧化氢
kg	killigram	千克
L	litre	升

续表

英文缩写	英文名称	中文名称
Mn-SOD	Mn-superoxide dismutase	锰-SOD
MDA	malondiadehyde	丙二醛
mg	milligram	毫克
min	minute	分钟
mmol	millimol	毫摩尔
nmol	nanomol	纳摩尔
O^{2-}	superoxide anion	超氧阴离子
POD	peroxidase	过氧化物酶
ROS	reactive oxygen species	活性氧
RT-PCR	realtime quantitative PCR	实时荧光定量 PCR
SOD	superoxide dismutase	超氧化物歧化酶
U	unit	单位
μg	microgramme	微克
P_f	forward primer	正向引物
P_r	reverse primer	反向引物
ddH_2O	doble distilled water	双蒸水
R	resistant	抗
MR	medium resistant	中抗
MS	medium Susceptible	中感
S	susceptible	感
OD	optical density	光密度
DEPC	diethylprocarbonate	二乙基焦碳酸酯
bp	base pair	碱基对
Elisa	enzyme-linke immunosorbnent assay	酶联接免疫吸附剂测定
NASH	nucleic acid spot hybridization	核酸斑点杂交技术

续表

英文缩写	英文名称	中文名称
Rpm	round per minute	每分钟转数
RNA	ribonucleic acid	核糖核酸
cDNA	complementary DNA	单链互补 DNA
M-mlv	M-Mlv reverse transcriptase	M-Mlv 反转录酶
DSI	disease severity index	病害指数
Dpi	day post inoculate	接毒后的天数

附录 11　接毒 PLRV-ch 后 11 个马铃薯品种马铃薯叶片卷曲情况

接毒 PLRV-ch 后 11 个马铃薯品种马铃薯叶片卷曲情况如下（见附图 11-1）。

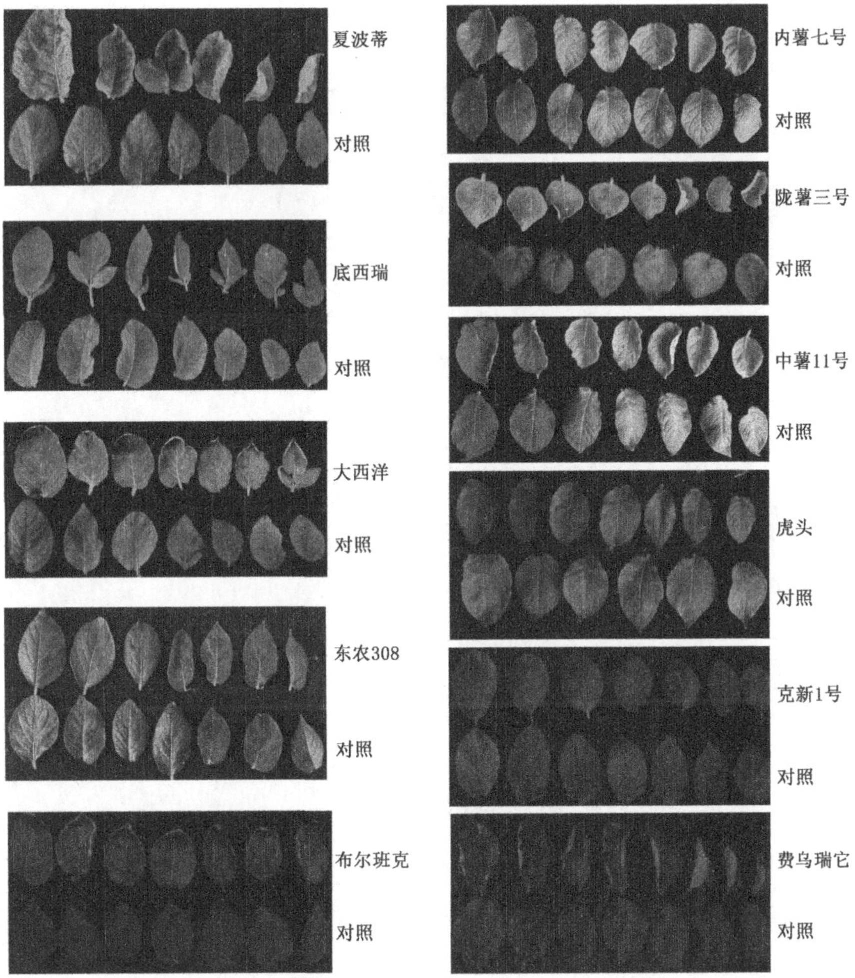

附图 11-1　接毒 PLRV-ch 后 11 个马铃薯品种马铃薯叶片卷曲情况

注：a：所选叶片从最顶层的卷曲复叶的顶叶依次往下摘，最小的是最顶层的卷曲复叶的顶叶；b：品种名；CK1：每个品种的无毒桃蚜饲食对照。

附录11　接种PLRV-ch后11个马铃薯品种马铃薯叶片卷曲情况

接种PLRV-ch后11个马铃薯品种马铃薯叶片卷曲情况如下（见附图11-1）。

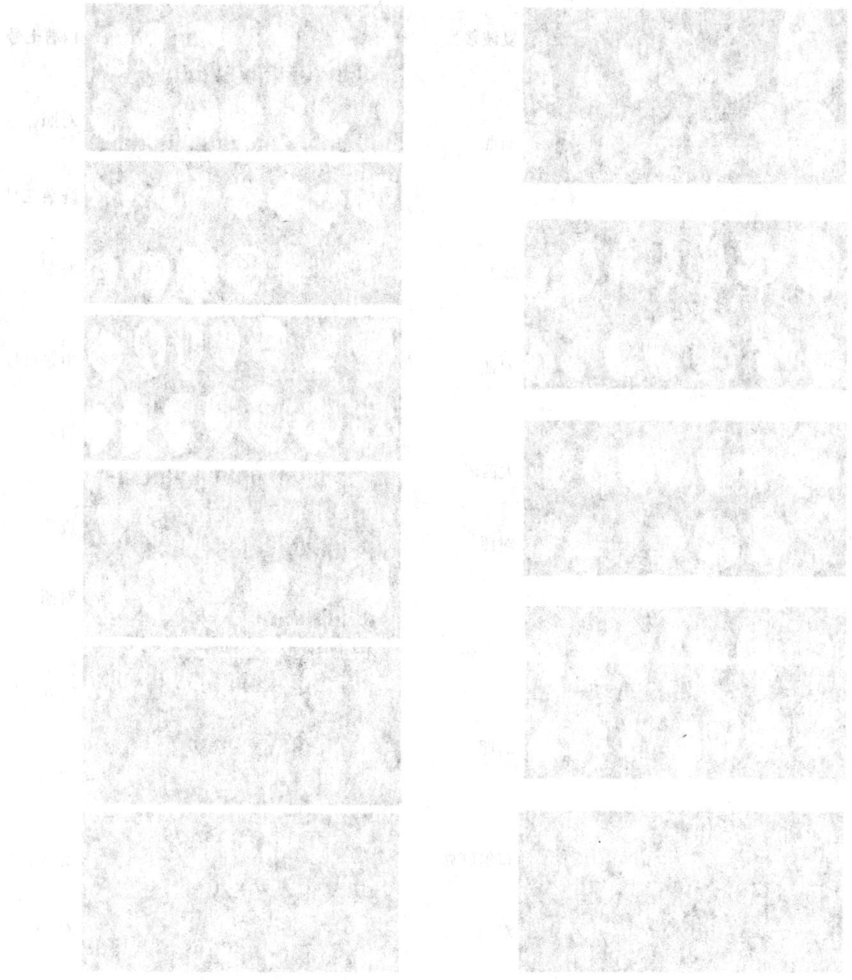

附图11-1　接种PLRV-ch后11个马铃薯品种马铃薯叶片卷曲情况